香檳大師萊特與你聊香檳

深入香檳的文化、歷史、品飲、風土、釀造與奇聞趣事

Champagne, C'est La Vie!

林才右 萊 特 ／ 著

前言

常常在品酒會上被問到五花八門、光怪陸離的問題，可能是跟香檳直接有關，或是乍聽之下跟香檳有關但其實無關的。

像是曾經有一位香水很奔放的女士在餐酒會結束時，問了這麼一個問題「法國女人是不是特別會在喝完香檳之後誘惑男人呢？」這是單純的問題還是語帶雙關的暗示，在眾目睽睽之下加上自己慧根不夠，所以我只能用法式哲學邏輯來回答「法國女性會用香檳的微醺與肉體的誘惑，當成是一種擺脫傳統的束腰與社會的歧見，與對抗大男人沙豬主義的武器吧！」

她聽完應該不知道我在說什麼，就像我也不知道她要問什麼一樣！而且這樣的問題不屬於香檳的範疇，比較算是兩性的問題，所以這問題我就不收錄到這本書中了。

而這本書就是收錄了在品香檳的活動上常被問到，真的與香檳有關且值得好好說明一番的問題，也是愛喝香檳的你一定要知道的知識；或是你有愛喝香檳的另一半，可以在喝香檳的浪漫時光跟他訴說的香檳故事。

每一篇文章都是以提問出發，而我以口語化的方

式來解釋，就像我們在品飲香檳時，你剛好有一個問題，而我剛好在你身邊幫你解答那樣。所以這本書不是要你從第一章開始逐字閱讀，而是希望你突然想到或遇到香檳問題時，可以把這本書從書櫃中抽出來，解決心中的疑惑。更重要的是希望你在閱讀每一篇文章時，不僅能找到答案，也能讓你打從心底地會心一笑，就像喝香檳時露出那種悅目娛心的笑容，至少最低限度不會覺得枯燥而打瞌睡。

可能有些你想問的問題不在本書之中，畢竟這不是香檳的百科全書，請留待你的問題咱們下次見面時聊吧！

喝香檳，怎能沒有萊特？

萊特是斜槓人，他有數理的腦袋，也有人文的氣質。這位酒界型男，不但跨界，而且很快闖出名號。他的香檳專業經歷、身為講師的才氣，還有時尚達人的風雅，在這本書裡展現無遺。萊特透過自己主持與講課的場景，講述香檳知識與業界見聞，他吐露了身為講師的心情，也展現了站上講台的功力。

多年前，我們在一次巡迴活動上，聊到了葡萄酒教學。萊特告訴我，他聚焦香檳，還跟我分享了他對酒類教育市場的觀察，我聽得津津有味。萊特非常懂得經營之道，幾年下來，他迅速超越許多同行葡萄酒講師。

萊特是個風趣的人。在這本書裡，我讀著讀著，恍若見到他本人躍然紙上。他信手捻來，都是與廠商專業交流，與侍酒師交手，與聽眾機智交鋒的故事，還有在世界各地走跳，與香檳交心的經歷。

在書裡除了可以讀到他在廠商與貴賓專業活動上，滿滿的趣聞，關於香檳的重要小知識，也都俯拾即是。他詼諧卻又專業地破除一個又一個的城市傳說，解答常見迷思，甚至還講述了他如何解救聽眾之間的雞同鴨講，精

彩極了。在字裡行間，像是親身體驗了萊特在現場的舞台魅力。篇章讀來不但有趣，而且也因爲萊特的香檳專業素養，切中要點。懂法文的萊特，甚至還附了說文解字：邊讀香檳，邊學法文，讀者一定會覺得收穫滿滿！

跟許多其他同行的講師不太一樣的地方是，萊特很在意他的場子，一定要充滿輕鬆歡樂的氣氛，而且他很在乎台下聽衆的感受。他在書裡，屢屢展現了他身爲講師的原則，就是該讓聽衆感到興味盎然，而不是昏昏欲睡。或許這也是爲什麼，萊特面對的聽衆，經常是那些並非一般講師照顧得來的貴賓。而萊特的這本香檳專書，也實踐了自己的趣味學習哲學，彷彿是把精彩的現場講解，化作可以閱讀的文字。

最近在一場酒商的感恩餐會上遇到萊特。我一如往常，跟同行專家們一起喝酒聊天，講著冷笑話娛樂大家。當我手中恰拿著一杯香檳時，萊特望著我說：「我在等你會講什麼梗！」現在回想起來，該不會是要爲這本書收集更多的香檳笑話吧？萊特在這本書裡，不乏笑語。有的是冷眼旁觀人生百態，有的是大開歷史人物玩笑，當然也少不了諧音梗，全都是會讓台灣人會心一笑的趣事。

萊特不但能夠把香檳寫得趣味易讀、富有知識性，甚至還融入了豐富的人生閱歷與哲思。從書裡記錄的見聞看來，如果萊特不當一位葡萄酒講師，機靈敏銳如他，興許也會在其他行業裡發光發熱。但還好我們有萊特，喝香檳，有了 Wright，才 Right。

王鵬 Paul Peng WANG 酒類專家

目錄

香檳愛好者 不能不知道的事

成為達人的 進階知識

01

香檳是美食百搭嗎？

每次在幫香檳進口商做餐酒會或推廣時，我總是臉不紅氣不喘地跟大家宣稱說「香檳是美食百搭」，就是說香檳很好搭配食物，配什麼食物都好！

直到有一次跟幾位酒友喝著老香檳感受老男人的微醺夜晚時，有人突然抱怨「香檳配這個 blue cheese（藍紋起司）味道好怪喔！」當時我們正在喝 Jacques Selosse V.O.，桌上有些起司火腿，還真的有人把滿目瘡痍的 blue cheese 拿來搭配自然風味極重的 Selosse 香檳。

「你不是常常說香檳是美食百搭嗎？怎麼搭配起來味道這麼怪！」這個時候我也只能回答「人在江湖身不由己啊！」

「那你平常講的不就都是違心之論！」就有心直口快的酒友馬上吐槽！

「你們當中誰沒有在工作中說違心之論的，就拿起地上的酒瓶扔我吧！」其實有時候讀讀聖經也挺有用的！

爲了贖罪，讓我眞誠地告解一下「香檳是美食百搭」這句話的涵義吧！「香檳是美食百搭」這句

話乍聽起來非常正面，但如果仔細推敲，「美食百搭」背後隱含的應該是一種不爲人知的貶意。

爲什麼這麼說呢？像我們說一件衣服是百搭款時，應該不是白色就是黑色，或是沒有特別顯眼的設計，適合襯托其他的衣物而已。或是當我們說某個人跟什麼人相處都很好時，隱含的意思就是這個人沒什麼個性，甚至可以用鄉愿來形容。

所以如果我們說香檳是美食百搭，等於是說香檳沒有個性。換句話來說，如果香檳可以搭配所有的菜色，就代表他就像是氣泡水一樣，充其量算是一個中性的飲品，搭配有鮮味的食物只是潤喉，搭配有辣度的食物只是解辣，搭配有甜度的食物只是解膩，如果是這樣，那何不點一瓶氣泡水就好，喔不，點一瓶香檳的錢可以點一箱的氣泡水了！

說到這邊，我也必須解釋一下爲什麼大家會說香檳百搭，先去掉甜點類的食物最後再說。一般我們正餐吃的食物都會具有一定的鹹味與油脂，香檳最大的特色就是具有氣泡以及高酸度，高酸度可以平衡油脂給味蕾帶來的負擔，而細緻的氣泡可以去除口齒間的餘味，讓我們有清爽的舌尖與味蕾迎接下一道美食。

更簡單的來說，如果你今天選的是一款入門級的酒款 Brut，可能有著優雅的白花香氣、些微的酵母味道、來自白堊土的酸度，與瓶中二次發酵的細緻泡泡。這樣的特性非常適合搭配海鮮料理，尤其與那些半生不熟的海鮮更是絕配，像是新鮮生蠔、生魚片料理（白肉魚尤佳，像是河豚生魚片）、奶油生蠔（半生感）或是半生的烏魚子。如果選

香檳和紅鯔魚片佐香蕉裹麵包屑。

的是有橡木桶陳年的香檳，會有明顯的桶陳香氣與微氧化的氣味，這時候搭配的料理最好就是有經過烹飪的食物，像是酥炸牡蠣、炙烤干貝、奶油龍蝦，或是烤春雞等。

那如果香檳配上重口味的紅肉料理呢？像是香檳可不可以配熟成牛排？沒什麼不可以，不會有不好的氣味產生，甚至吃完一口牛排再喝一口香檳還可以感受到口中一陣清涼解膩。只不過這樣就糟蹋了香檳那細緻的香氣，畢竟在牛排濃郁而霸道的香氣之下，香檳微妙而精巧的氣味，就像艷陽下的螢蟲之光那樣幾不可辨。這樣搭配的浪費程度就像拿吉朵拉（Gillardeau）生蠔做成蚵仔酥，拿 A5 和牛炒沙茶牛肉一樣，我相信絕對會非常可口，但可能就吃不到食材最原始的味道了。

另外香檳的氣泡還有一種功用，就是會放大食物的氣味，可以說是食物放大鏡。放大的效果可以是加分，像是讓魚子醬的味道更昇華、更濃郁；但也可能讓原本恰到好處的「香臭味」突然變得不可理喻，直接衝腦門。如果你很愛臭豆腐因此無法理會的話，那不妨用 blue cheese、榴槤或是瑞典臭魚來試試看，就會知道放大氣味不見得都是好事，就像人像照片的解析度太高可能也會因毛細孔太清晰而失去美感。

剛剛提到香檳搭配甜點，這是多少少女的夢幻下午茶的組合，最好還是粉紅香檳，讓粉紅少女心大噴發。吃一口粉紅色的草莓千層，然後飲一口粉紅香檳，霎那間，一切就像粉紅香檳的泡泡一樣破碎崩解。因為甜點的糖分會遮蔽味蕾對於甜度的敏感度，粉紅香檳的含糖量每公升一般頂多 10 公克（一瓶就是 7.5 公克，倒成 10 杯的話一杯才只有 0.75 克），在草莓千層這樣高含糖的甜點比對下，就像是螢蟲之光無

香檳和海螯蝦佐香脆馬鈴薯。

法與日月爭輝，味蕾能夠感受到的只剩下酸味，可能還有點澀味。

難道下午茶甜點不能搭配香檳嗎？也是可以啦！選擇的香檳就要是 Demi-sec 或是 Doux^註 這種含糖量高的香檳。甜點與香檳之間的含糖量要匹配，這樣才算是門當戶對。建議最好香檳的含糖量要高於甜點，因爲我們味蕾對於液態的感受度會低於固態的感受度，所以搭配下午茶還是點甜一點的香檳囉！什麼？你說甜的香檳熱量很高，那你知道平常每天喝的手搖飲熱量更高這回事嗎？

最後來說說文章開頭時那位用 Selosse 搭配 blue cheese 的朋友，有問到 Selosse 香檳應該搭配什麼食物？如果你有喝過 Selosse 香檳你應該會發覺 Selosse 香檳很獨特，喝 Selosse 香檳並不會有一種歡愉的快樂感，而是一種祥和的沉澱感。這樣一支具有禪意的香檳，值得用最純淨的味蕾與專注的心思來感受，如果眞要搭配什麼，就搭配冥想吧！

註：請看 p.146〈你知道你喝的 Brut 香檳含糖量是多少？〉

{
香檳最大的特色就是具有氣泡以及高酸度，
高酸度可以平衡油脂給味蕾帶來的負擔，
而細緻的氣泡可以去除口齒間的餘味，
讓我們有清爽的舌尖與味蕾迎接下一道美食。
}

微 醺 時 光
Lanson Le Black Réserve

Lanson香檳的歷史可以追溯到1760年，是一座非常悠久的香
檳廠。雖然是古老的酒莊但是行事作風挺新潮的，像是會在背
面的酒標清楚註明Harvest Date（收穫日期）、Disgorgement
Date（除渣日期）、Reserve Wine %（儲備酒百分比）、
Traceability（產品溯源）。另外，Lanson也在近幾年推出
Green Label Organic的有機香檳，算是香檳大廠走向有機酒的
先鋒之一，這些都在在證明了Lanson香檳的前瞻性與企圖心。

而這款Le Black Réserve是釀酒師Hervé Dontan於2013年來到
酒廠時的創作之一，釀造香檳的初衷是為了讓香檳與美食更加
相映成輝。

這一支香檳使用了50%的黑皮諾（Pinot Noir）、35%的夏多內
（Chardonnay）和15%的皮諾莫尼耶（Pinot Munier），其中
70%的葡萄來自於特級園和一級園。因為是無年分香檳，混用
了45%來自橡木桶中熟成的儲備酒（Reserve wine）。為了保
持這款香檳的新鮮度與活潑性，沒有經過乳酸發酵，種種的努
力造就這一支結合了新鮮度、複雜度、成熟度以及飽滿度的香
檳。而這款香檳仍需要在酒窖中陳年至少5年才能上市。

這款與生俱來就是要搭配美食的香檳，建議在吃美食前先啜飲
一口，再感受它與美食相遇之後所激碰出的火花。

類型　NM
村莊　Reims
價位　平價
適合場景　與美食搭配的時候

02

為什麼說開香檳很危險？

CHAMPAGNE

開香檳是一件很簡單，但也可以是很難的一件事。說很簡單是因為開香檳不需要其他工具，徒手就可以開香檳；說很難是因為開香檳是一件很危險的事情，怎麼說危險呢？讓我們來說說一個真實事件，一個香檳軟木塞讓飛機迫降的故事。

2015 年，一架從英國倫敦格域機場（Gatwick Airport）飛往土耳其達拉曼（Dalaman）的飛機上，有一位乘客點了一瓶香檳，空服員理所當然幫忙開香檳。不知是不是沒有受過開香檳訓練，還是第一次有客人在飛機上點香檳太興奮了，就在開香檳的過程中，香檳的軟木塞直接噴飛射到飛機的天花板上，這樣的衝撞力道導致部分的氧氣罩落下。機長也接獲通報，向顧客致歉後，告知客機依照規定無法再繼續飛行，得迫降在義大莉米蘭，等到相關人員維修及重新安裝氧氣罩後，才能重新飛行。最後航班比預定時間延誤了 7 小時才抵至土耳其。

為什麼小小一枚軟木塞會有如此破壞力呢？因為香檳瓶內有 5 ～ 6 大氣壓力，而我們外部環境是 1 大氣壓（在高空的飛機上壓力更小），所以香檳瓶內的壓力會迫使軟木塞噴飛出去，而在這樣的相對壓力下，軟木塞的飛行速度可以高達 50 公里／小時，那就不意外當這樣的力道衝撞到飛機天花板時，氧氣罩會落下來了。

對於常開香檳的侍酒師而言，看到這則新聞會立刻知道這位空姐犯了什麼錯誤，就是當她鬆開綁住軟木塞的鐵線扣的時候，沒有用手指壓住軟木塞，所以軟木塞會不受牽制地噴射出去。讀到這段的你，可能正在回想上次開香檳時，也沒有用手指壓住軟木塞，但軟木塞也沒有激射而出啊！的確，並不是每次開香檳時，軟木塞都一定會噴出，還

有其他幾個因素會影響軟木塞噴出的可能性，像是溫度，溫度越高越容易噴出，像是開瓶前是否晃動，晃動會造成壓力加劇，噴飛的可能性也越高。所以開香檳時，我們會建議從酒櫃拿出氣泡穩定的香檳，除非你是爲了慶祝，要開香檳噴灑群衆那就另當別論了。

我們來說說香檳的正確開瓶方式：

1. 除去包裝鋁箔，用一隻手的拇指壓住瓶塞，另一隻手把固定軟木塞的鐵線扣鬆開（鬆開卽可，不需要拿下，因爲取下鐵線扣的瞬間，軟木塞就有機會噴向天花板）。

2. 壓住瓶塞的手保持不動，然後另一手握著瓶底，讓瓶身傾斜 45 度，然後慢慢旋轉瓶身（這時候瓶口不要對準人或是易碎物，除非你已經隱忍他很久了）。

3. 慢慢旋轉瓶身，會感覺到軟木塞有一股往外衝出的力道，這時候就

還有其他幾個因素會影響軟木塞噴出的可能性，
像是溫度，溫度越高越容易噴出，像是開瓶前是否晃動，
晃動會造成壓力加劇，噴飛的可能性也越高。

是考驗手臂力量穩定度的時候，緩慢地讓軟木塞浮出（手臂要用力握持住，但臉上仍然要保持微笑）。

4. 用力恰當的話，這時已經能夠聽到瓶內的氣體慢慢洩出，聲音類似「嘶～嘶～」的聲音，就是傳說中的少女的嘆息。（如果不小心發出「碰」的一聲，那就是歐巴桑的激吻囉！）

不要以為只有男生需要學開香檳，各位女士也可能碰到需要自己開香檳的時候，因為我就有一個經驗。

有一次半夜 11 點左右，一位女生朋友傳訊息跟照片給我，問我怎麼開香檳，因為她們幾個姐妹淘開睡衣趴，後來喝開了要繼續加碼香檳，發現沒人會開香檳，而傳給我的照片讓我瞬間驚呆了！照片中香檳的鐵線扣已經拿下，香檳軟木塞上面插著蝴蝶型的開瓶器，正企圖用開瓶器取出軟木塞，但螺旋一直轉不進去才 call out 求救。好險沒用力轉進去，不然可能隔天又會在社會新聞上看到香檳事故了！

我立刻打電話，請她們拿掉開瓶器，用餐巾或衣物覆蓋軟木塞（軟木塞不慎噴飛時，好歹有緩衝），小心轉開即可。後來掛完電話才想到，或許她們是希望我到場幫她們開瓶服務，是我太不解風情了嗎？

微醺時光
Vilmart & Cie Coeur de Cuvée 1er Cru Brut 2010

教科書上都有一個既定印象：白丘（Cote des Blancs）生產夏多內、馬恩河谷（Vallée de la Marne）生產皮諾莫尼耶、漢斯山丘（Montagne de Reims）生產黑皮諾，所以當第一次喝到Vilmart & Cie的香檳時，我曾經提出為什麼你們位在漢斯山丘，卻主要生產夏多內呢？

莊主Laurent Champs簡單的回答：「我們自己居住的土地，當然我們自己最瞭解，而我們相信我們葡萄園的土壤更適合讓夏多內生長。」

而這款Coeur de Cuvee使用了80%的夏多內與20%的黑皮諾，葡萄皆來自55歲以上的老藤，全面使用橡木桶發酵，不進行乳酸發酵，讓酒液保持足夠的酸度，搭配上橡木桶陳年帶出來的微氧化風味，使得Vilmart的香檳有一種獨特的衝突感。明亮高潔的酸度裡，帶有豐厚的果香味，像是水果乾、糖漬檸檬的味道，兩者在交纏之後又達到了莫名平衡，而在最後的尾韻中，浮現奶油與烤麵包等香氣。

因為釀造方式與庫克香檳（Champagne Krug）有許多相似之處，像是不進行乳酸發酵，所以Viemart & Cie也常被戲稱為香檳界窮人的Krug。

類型　RM
村莊　Rilly la montagne, Montagne de Reims
價位　中價
適合場景　參加Krug品飲會時拿去讓大家盲飲

03

如何用軍刀開香檳？

記得曾經有一次在課堂上介紹如何正確地手開香檳，台下有人頑皮地說：「我們比較想要知道如何軍刀開香檳，可以示範給我們看嗎？」

「我手上沒有軍刀，所以無法示範。」這樣的藉口不能成立，因為後面的展示架上就放著一把軍刀。看著大家期盼的眼光，我只能心平氣和地說：「如果軍刀開香檳的話，可能就會噴發掉 20% 的香檳，你們願意少喝香檳嗎？」這時候現場就會一片寂靜，我就把握機會說：「等一下我可以跟大家分享如何用軍刀開香檳，甚至奶油刀也可以做得到，

不過現在我們先好好用手開香檳，保留每一滴珍貴的香檳好嗎！」

如何用軍刀開香檳呢？其實不是用蠻力，當然也不是用內力，主要是利用玻璃瓶本身的弱點。

1. 把香檳倒插（瓶口朝下）放進充滿冰塊的冰水裡，最好可以再放進一些食鹽，讓溫度降得更低，溫度越低玻璃也會越脆弱。

2. 將錫封撕開，鐵線扣小心地拿下（再次強調要小心，因為鐵絲扣拿下的瞬間軟木塞可能就會衝出）。

3. 找到香檳瓶口的玻璃銲接處（香檳瓶是由兩個半瓶組合而成），銲接處是瓶口最脆弱的地方。

4. 把軍刀、奶油刀、拆信刀貼緊瓶身，對準好瓶口最脆弱的銲接處，來回滑動培養手感。

5. 在眾人的目光下，帥氣的將刀撞向瓶口最脆弱的部分，軟木塞與瓶口會整個順著刀勢飛出。

6. 完成，別忘了法式的優雅，先想好你的 ending pose 吧！

開香檳就這麼簡單，但在我看完《艾蜜莉在巴黎》（Emily in Paris）的影集之後，我會多補充非常重要的一點，就是拿香檳的手，是要握住香檳的瓶底，而不是瓶口。看過《艾蜜莉在巴黎》的你，一定記得這一個畫面，香檳莊主拿軍刀開香檳，一隻手拿軍刀，另外一隻握住瓶口，當軍刀砍出去時，大拇指也迅雷不及掩耳地飛出去了，當場血濺四方，本來雪白透明的香檳立刻變成粉紅香檳了！

那軍刀開香檳的典故是怎麼來的呢？

最常聽到的說法是，拿破崙每當打勝仗凱旋歸來時，會帶著他的騎兵團到訪香檳區，在馬背上削香檳來慶祝勝利，而這樣鼓舞人心的儀式就被流傳下來了。而他說的一句話也被流傳下來「香檳！是戰勝者應得的，而戰敗者也會需要他！」（Champagne! In victory one deserves it, in defeat one needs it.）。當時拿破崙的騎兵用的軍刀叫做 Sabre，而這門開香檳的技法就被稱為 Sabrage，而在法文的軍刀削香檳即是 Sabering a Champagne。

有一個浪漫的說法是，每當拿破崙的騎兵團要離開香檳區時，都會有一位極具名氣的女子目送大家離開，就是凱歌夫人（Madam Clicquot），她單身（因為丈夫早亡），擁有財富（因為繼承亡夫家族的顯赫事業），讓騎兵團的軍官都情不自禁想要吸引她的目光。於是就有軍官把手上的香檳用軍刀削開，碰的一聲來吸引凱歌夫人的注意，不過這樣吸引女人的方式太昂貴，所以後世可能就演變成吹口哨了吧！

你相信哪一個傳說？是你的自由，因為沒有人能證明第一個軍刀削香檳的人是誰了，或許也不是那麼重要，就算當時申請了專利時效也早過期了。而或許結合上述兩個說法，拿破崙削香檳不是為了慶祝戰勝，是為了吸引凱歌夫人的注意，畢竟讓拿破崙最魂牽夢縈的女人是約瑟芬，她也曾經是一位寡婦呢！

微醺時光
Henri Giuraud Fût de Chêne MV12 Brut NV

有一位朋友很喜歡帶這款香檳參加酒聚，原因無他，就是因為這瓶香檳的封瓶方式不是用一般的鐵線圈，而是一種金屬卡扣，每每到了餐廳，都會成為大家的焦點。如果現場有年輕女生，這位朋友還會手把手地教一下如何開這一支特別的香檳，真的是人際關係裡很好的破冰招式。

有一個專門為Henri Giuraud打造的開瓶器叫做Le dégrafeur，但其實用奶油刀也可以，就是將刀面插入金屬扣環與瓶口之間，利用槓桿原理敲起一端，那扣環就會應聲而起。但別忘了，跟開鐵線圈一樣，全程另外一隻手都要按住香檳塞以確保安全。

還有一種很特別的封瓶方式，叫做「Ficeleur」（纏綁），這傳統纏綁技藝是早期香檳固定軟木塞的方式，這要回溯到1728年，當時法國法律才允許使用玻璃瓶運輸與販賣。你一定想問「那在之前呢？」就是只能一桶一桶來販賣了。之後工業革命讓玻璃瓶強化，軟木塞也使用了統一的規格，但這樣的技術沒多久，就在1760年之後漸漸被現今常見的鐵絲封塞所取代了。

因為用纏綁來封瓶非常耗時耗工，一個手藝熟練的技師一個小時頂多綁50個，而一台包裝機器一個小時卻可以完成4千多瓶。那還有誰要繼續用纏綁呢？如果你有興趣看看，不妨找一下這個香檳廠Comtes de Dampierre。

類型　NM
村莊　Aÿ-Champagne，Vallée de la Marne
價位　中價
適合場景　需要搭訕或是破冰的時候

04

該用什麼杯子喝香檳？

每次在辦香檳品飲會之前，杯子常常都是討論很久的話題。遇到進口商想用傳統的笛形杯（Flute），那我就要循循善誘地開導他們說：「那是以前才用笛形杯啦，現在都要用白酒杯來喝香檳了，這樣香檳的風味才會顯現的出來，你們的產品才會賣得好啊！」

遇到進口商都是要用白酒杯時，我也會耳提面命的跟他們說：「笛形杯也是要準備一下的喔！你知道為什麼嗎？因為拿笛形杯拍照比較好看，感覺超級有氣質的，大家都會爭相拍照上傳，這樣你們的行銷就成功了！」

為什麼我這麼矛盾，是人格分裂嗎？一下要求用笛形杯，一下就要用白酒杯。其實是這樣的，一場香檳品飲會可能會喝到4到8款香檳不等，對於初階的香檳我會建議用笛形杯，細細長長很漂亮，適合拍照打卡；等到要品飲有特色的香檳，像是年分香檳時，再用白酒杯來喝，讓其香氣充分發揮。

可能這樣說還是不好理解，先來說說笛形杯跟白酒杯的差別吧！笛形杯就是那種小腹平坦而且高高瘦瘦的杯子，看起來很纖細，拿起來很優雅。優點不僅是拍照起來賞心悅目，而且讓香檳的氣泡不容易逸散，因為氣泡的逝去主要與酒液跟空氣的接觸面積有關，所以窄小的杯口可以讓你有更多的時間慢慢觀賞冉冉上升的氣泡，以及長時間享受充足的氣泡感。而缺點呢，也因為杯口太小，杯腹太平坦，這樣的杯型某種程度上讓香檳細微的香氣無法充分展現。

白酒杯，就是平常拿來喝白酒的杯子，如果你要用 Riedel^{註 1} 的杯子來

細分的話，那就是麗絲玲（Riesling）杯。這樣的白酒杯其杯肚和杯口都比較大，有利於酒液與氧氣接觸，也方便將鼻子伸入酒杯中聞香，從而感受香檳完整的香氣，同時這樣的白酒杯也方便搖杯醒酒[註2]。一般來說，在品飲有特色的香檳像是年分香檳時，會選擇這樣的杯子。而缺點你可能也猜到了，就是氣泡消散得快，但我相信對於熱愛香檳的你，這不會是缺點，因為你會跟我一樣三兩口就喝得杯底朝天，哪容許泡泡有逃跑的機會呢！

當我解說完用白酒杯喝香檳的好處時，曾經有人這樣問我「那可以用 Riedel 大寬口的夏多內（Chardonnay）杯喝香檳嗎？」

我可以看到他眼神的真誠，確定不是來抬槓的，所以我也真切地回答他說：「當然可以，尤其你在喝頂級陳年的白中白香檳（Blnac de Blancs）時，用大杯口的杯子更能感受細微的香氣。而當你喝這種頂級陳年的白中白香檳時，該珍惜的是那歲月淬鍊之後的味道，而不是那些苟延殘喘的氣泡了！」

對於初階的香檳我會建議用笛形杯，細細長長很漂亮，
適合拍照打卡；
等到要品飲有特色的香檳，像是年分香檳時，
再用白酒杯來喝，讓其香氣充分發揮。

問題還沒結束，他繼續問到「那如果品酒會我們都用這種夏多內杯是不是會更好？」

剛剛是好話說在前頭，現在是醜話後頭也得說出來了。如果你認為你們家的香檳真的如此完美，當然可以都用夏多內杯，但別忘了當風味放大之時，相對缺點也會變得醒目喔！而且用這種大口的夏多內杯還有一個絕對致命的缺點，就是香檳的消耗量會很大。因為你倒在笛形杯的量，可能30毫升加上泡泡就快滿出來了，來賓看了還會驚聲歡呼，但是30毫升的香檳倒在寬口的夏多內杯，那根本是有如銜石塡海的比例，來賓看了只會嫌你倒酒太小家子氣了！只要提到這一點，再也沒有一家進口商會想讓來賓用寬口杯喝香檳了。

除了笛形杯與白酒杯，其實現在各家香檳廠也推出符合自家香檳風味的香檳杯，杯口介在笛形杯與白酒杯中間，杯腹大小也一樣介在兩者之間，足夠聚集香氣，也足以搖杯，氣泡也不至於消散過快，同時杯口的大小也可以讓鼻子進入酒杯聞香，算得上是兼兩者之所長，取其中庸之道！

像是法國雷曼杯廠（Lehmann）以 Philippe Jamesse 香檳大師[註3] 的設計特別推出球體香檳杯，高 CP 值和優異的表現讓它出現在許多的專業香檳品酒會中。這種杯肚渾圓飽滿、杯口收窄的設計，能利用氣泡來釋放香氣，讓香檳的細緻香氣可以更容易感受得到，這種事情，信不信由你，最好買個杯子來試試吧！

文章一開始我說了「傳統」的笛形杯，為了獎勵你可以看到最後，就像 Marvel 電影一樣，能夠看到結尾也要特別給一下彩蛋。其實「傳統」的香檳杯並不是笛型的，而是碗公狀的，硬要說文雅一點，有點像是喝茶的杯子，但是大上許多，一定要強調大上許多，因為聽說這樣的杯形就是依照法國國王路易十六的王后瑪麗‧安東尼（Marie Antoinette）的胸部形狀設計出來的。（到底當時的法國人喝香檳是存著什麼樣的心態呢？）

註1：香檳區米其林二星 Les Crayeres 城堡的首席侍酒師。

註2：Riedel 杯是奧地利品牌，專門研究與設計不同杯形對於飲品的口感影響。Riedel CEO – Maximilian Riedel 也曾經說過「我的目標是讓香檳杯退出歷史舞台。」

註3：現在越來越多專家認為香檳也該醒酒，畢竟香檳也是葡萄酒的一種，甚至像是 VCP 香檳還會建議要倒入醒酒器醒酒呢！

微 醺 時 光
Bruno Michel La Lignée Rosé des Roses 2015

這是一個很年輕的酒莊，成立於1985年，創辦人Bruno Michel 是一位農業生物學家釀酒師，所以對於土地、植株、葡萄有更 強烈的認知。除了使用生物動力法以外，更在種植方面全面採 用Selection Massale（馬薩選種），不使用任何Clone（克隆複 製）的方式嫁接葡萄樹。Selection Massale是一種返璞歸真的 農業技術，讓葡萄園有更完整的基因資料庫，也確保每棵葡萄 是土生土長且擁有最健康的先天體質，才能忠實地反映風土。

這是一款以saignée（放血法）釀造的粉紅香檳，不同於另一 種比較常見的粉紅香檳釀造方式：將少量的靜態紅酒混入二次 發酵前的靜態白酒來形成粉紅香檳，而是100%使用皮諾莫尼 耶（Pinot Munier）這個葡萄品種，經過短暫泡皮浸漬，獲得 粉紅的色澤。這樣以放血法用皮諾莫尼耶釀製的粉紅香檳，在 香檳區並不多見。除了有粉紅香檳該有的紅色莓果香氣如覆盆 子、草莓、新鮮香草氣息外，花一些心思體會，可以感受到氣 息中伴隨著一層若隱若現的微氧化風味與海鹽鹹韻，是一支值 得深度品味的粉紅香檳。

就像美國酒評家彼得·莉姆（Peter Liem）所描述：「Pauline 的香檳表現了在有機酒中的成熟水果風味，而且依舊保有優雅 的架構以及靈動的平衡。」（Pauline是創辦人Bruno Michel的 女兒，現任酒莊莊主與釀酒師）

類型 RM
村莊 Coteaux Sud d'Epernay, Vallée de la Marne
價位 平價
適合場景 想與一位兼具美貌又有內涵的女生喝香檳時

Bruno Michel La Lignée Rosé des Roses 2015

05

為什麼我的香檳沒有泡泡？

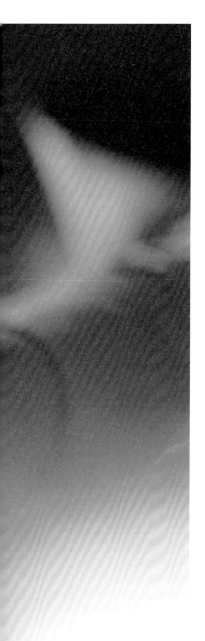

場品酒會上我在台前說得口沫橫飛時，一位貴婦突然舉手然後說：「爲什麼我的香檳沒有泡泡？」，他身邊的兩位朋友也異口同聲的回覆說：「我的香檳也沒有泡泡呢！」

當下我愣住了，因爲思緒帶我想起我也曾經問過類似的問題，那時我全身光溜溜，另一個男人半裸著幫我搓背，我看旁邊其他裸體男人全身都被泡泡覆蓋著，唯獨只有我的身上沒有什麼泡泡，所以我問了幫我擦背的男人：「爲什麼我沒有泡泡。」他應該聽不懂我在問什麼，所以也講了一些我聽不懂的話，我只好無奈繼續趴著讓他搓背，直到第一次洗刷乾淨之後，才用泡泡再一次沖洗，總之就是要洗乾淨之後才有泡泡！你可能猜到了，那時我正在伊斯坦堡洗土耳其浴！

當我沉浸在我的土耳其浴時，餐廳經理很快走了過去，確定之前服務人員沒有倒錯酒。接著大家議論紛紛，各種猜測都出籠了：「是不是這瓶香檳沒氣了？」、「香檳是不是太早開瓶，所以現在沒氣？」、「是不是香檳品質有問題？」

這場活動在座的大部分是貴婦，所以我等貴婦們稍微靜下來之後，跟各位貴婦們說：「各位貴婦們平常操持家務一定都非常辛苦，不知道你們有

沒有過這樣的感受，當個相夫教子的賢妻良母，把家裡打理得好好的，小孩下課回家有熱騰騰的飯菜，老公上班有燙好的襯衫跟西裝，當一切太完美時，大家會忽略了你的存在，只有當小孩回到家，才發現飯鍋電源忘了插，當老公要上班，才發現襯衫忘了燙，這時候你才會聽到有人大聲呼喊『媽媽』、『老婆』！」

說到這邊，在座的貴婦們個個點頭如搗蒜，似乎他們長年的辛苦在這一刻總算有人可以體會了，不過我也看了貴婦們手上的彩繪指甲，非常好奇她們是如何下廚跟處理家務的。這時我轉回正題「其實香檳也是一樣，當香檳遇到太完美的酒杯，也就是洗得一塵不染的酒杯時，是不會產生氣泡！」

「怎麼可能這樣？」、「洗太乾淨會沒氣泡？」香檳杯裡沒氣泡的那桌紛紛傳來驚呼聲。而香檳杯裡有氣泡的其他桌也傳來，「那豈不是我的杯子沒洗乾淨才有這麼多泡泡！」

「大家不要急，讓我慢慢跟大家解釋，香檳有沒有氣泡，用聽的最準！請大家把杯口放到你的耳朵旁邊，有沒有聽到『嘶～嘶～嘶』的聲音，那就是氣泡的呼喚。」氣氛一時間從原本吵鬧的菜市場變成蕭靜的墓場。面對貴婦時，永遠要記得先處理心情，再處理事情。

原本香檳瓶內的二氧化碳因為瓶內氣壓較大所以保持溶解於酒液裡[註]，當酒液倒在香檳杯時，壓力驟減，香檳裡的二氧化碳就會自然浮出液面飄散到空氣中。但因為太微小了肉眼不易看出，但用耳朵就可以清楚聽到氣泡躡手躡腳的出走聲音。不同於打入二氧化碳的氣泡飲料，

不妨倒一杯放在耳朵邊聽，聽到的會是「啵啵～啵啵」那樣大搖大擺的氣泡出走聲了。

當我們在擦拭香檳杯時會留下些許纖維，這樣的纖維可以讓氣泡聚集，使氣泡成長到一定大小，當浮力足以使他們脫離聚集的結合點時，氣泡就會升空了。氣泡離開後，會在原來的地方留下一個氣室，讓後續的氣泡可以繼續集結，形成下一個升空的氣泡，當變成一個循環時，就是我們看到從杯底升竄上來的泡泡縱列了。

所以當杯子沒有任何殘留纖維時，氣泡就沒有結合點，因此就沒辦法產生肉眼看到的泡泡縱列了！會發生這種情況一般是餐廳用了不留擦痕的拭杯布，讓酒杯看起來晶瑩透亮，喝靜態酒的時候是種享受，但喝香檳時的副作用就是可能沒有泡泡了。但是這也不是沒辦法解決，現在酒杯製造商針對香檳杯會在底部用激光劃下小凹痕，讓香檳的氣泡可以在杯底聚集，然後變成美麗奪目的氣泡串冉冉上升。

在我講解時，餐廳工作人員也幫那幾位香檳杯裡沒有氣泡的貴婦們換上杯子，倒上新的香檳，當他們看到香檳杯裡有閃閃發光的氣泡時，臉上總算露出幸福洋溢的表情。餐廳是怎麼讓新的杯子一定會產生氣泡的呢？我沒有過問，可能是撒上麵包屑吧！

剛剛舉手發問的貴婦再次舉手：「為什麼香檳剛倒出來的時候會有這麼多泡泡啊？」沒有泡泡你也問，泡泡太多你也問，我只能告訴我自己深呼吸，然後用嚴肅的口吻講解一下物理現象。

當泡泡在香檳表面接觸空氣時，氣泡會破裂，氣泡的薄膜迅速撕裂並且回流，會在香檳表面留下一個凹槽空間，而表面張力會讓香檳液面恢復原本的平整，於是將表面急遽上拉，使其很快地從凹面變成凸面，同時產生一股向上的噴流，但是沒多久就會在空中破裂。所以當香檳倒在杯子的時候，氣泡形成的速率夠快，足以與香檳表面的氣泡消長達到平衡，便會在表面形成一層泡沫。

這番話講完我不確定她有沒有聽懂，總之她似乎沉浸在她的香檳世界裡了，當我轉身要離開時，她突然又問了我一句：「老師，香檳喝太多會打嗝怎麼辦？」

深呼吸一口氣之後，我請服務人員拿來筷子（因為當天吃西餐，桌上沒有筷子），遞給她之後跟她說：「你用筷子攪拌香檳一下再喝，這樣就不會打嗝了！」

我這不是要戲弄她，因為在法國就有一種銀製的攪拌棒，是宮廷仕女在喝香檳之前要用來攪拌一下的，攪拌的目的不是為了讓香檳裡面的糖分溶解，目的是為了排除香檳裡面的部分氣泡。為什麼這樣做？因為喝氣泡太多的香檳容易打嗝，對於以氣質聞名又穿著勒住胃部馬甲的宮廷仕女，當然不能在大庭廣眾打香檳嗝，所以才需要在喝香檳前先把部分的氣泡去除掉囉！

註：二氧化碳在液體的溶解量由亨利定律決定，亨利定律是氣體在溶液中的溶解度與液面上的氣體壓力的關係。

微醺時光

Egly Ouriet Blanc de Noirs Grand Cru Extra Brut NV

曾經聽到有人說：「要喝頂級香檳就該喝白中白註（Blanc de Blancs），夏多內的香檳才是王道。」

我就反問他：「你是不是沒喝過100%黑皮諾所釀成的優質黑中白（Blanc de Noirs）香檳？」

「那你舉出一款可以另大家心服口服的100%黑皮諾香檳啊！」

我本來想說 Krug Clos D' Ambonnay，但怕被要求要自掏腰包來讓大家品飲公審，所以我說了Egly Ouriet Blanc de Noirs Grand Cru Extra Brut NV這一款，葡萄園一樣座落在Ambonnay村莊。Ambonnay村可以說是在Montagne de Reims產區相當優異的一個特級村，絕佳的面向與坡度，讓葡萄園有足夠的日照。而這款酒的葡萄又來自Ambonnay村莊中海拔最高的地塊「Les Crayère」，這裡的表土很淺，使得葡萄樹的根可以深入到下方的白堊土岩層以獲取養分，也因此在這邊生長的葡萄有著獨一無二的風味特性。

這款香檳喝起來很像是有氣泡的布根地紅酒，因為香氣上隱約浮現紅色乾燥花的氣味，像是玫瑰花瓣般，而入口則綻放出成熟的白桃、檸檬乾等香味，伴隨著烤土司的氣息，以及那迷人的礦石鹹感從喉間油然而生。這是一款不會讓白中白香檳專美於前的黑中白香檳，但要能夠欣賞，前提是心胸要夠寬闊才能容納不同品種的風味。

類型　RM

村莊　Ambonnay, Montagne de Reims

價位　中價

適合場景　消除偏見看到更寬廣的世界時

註：請看 p.130〈白中白比較好？還是黑中白比較好？〉

06

喝香檳可以加冰塊或是果汁嗎?

「你」說什麼？再給我說一次！」這是十幾年我第一次聽到朋友說要在香檳裡面加冰塊跟果汁的反應。

香檳或是葡萄酒就應該純飲，這是絕對不容質疑的金科玉律。添加了冰塊或是果汁就是毀壞了風土，就是污辱了釀酒師的心血，就是犯下褻瀆了酒神巴克斯的重罪。

這樣的觀念陪伴了我好幾年的飲酒生活，直到數年前有一次到香檳產區參訪，午餐時間走進一家人潮頗多的小酒館用餐，剛入坐一位服務人員便過來詢問「Apéritif？註 1」

「Yes，Please ！」完全不需要考慮的回答。

這位服務人員便放上了笛型香檳杯，然後在香檳杯裏緩緩的倒入香檳，當他倒完之後我正想請他把香檳留下來讓我拍照時，他居然做了一個令我驚訝莫名，一時之間說不出話來的動作。

他將一瓶我不知道是什麼來歷的東西，就這樣倒進我的杯子。

經過了不知幾秒鐘後，我回過神來，盡量讓自己的語氣不要表現出訝異與驚恐地詢問「這是什麼？」

「這是皇家基爾（Kir Royal），是我們這邊的傳統喝法，就是把利口酒加到香檳裏，喝起來酸酸甜甜，非常受歡迎呢！」看他自信地回答，一臉期盼地看著我，似乎希望我趕快喝一口，露出幸福美滿的表情。

原本不受待見的酒
卻因為加上了利口酒的香甜而變得大受青睞，
這應該是一種天生我材必有用的道理吧！

我戰戰兢兢地拿起酒杯，還是壓抑不了好奇心問他「但是這樣做，不就喝不出這款香檳的原始味道，以及它要呈現的風土（Terroir）嗎？」

一提到風土，法國人總是有說不完的想法，不過這次侍酒師卻出乎我意料地沒有講述什麼風土，他反倒說這支香檳就是很平價款，風味一般，酸度偏高，甚至有一點苦澀感。他邊說邊拿另一個杯子倒給我喝，果不其然，是一款氣泡感十足但是偏酸偏苦澀的酒，單喝可能不見得討喜。正如他所說，這批香檳可能是用 Deuxieme Taille^{註 2} 壓榨出來的，拿來當調酒反倒更適合它的風味，真的好喝許多。原本不受待見的酒卻因為加上了利口酒的香甜而變得大受青睞，這應該是一種天生我材必有用的道理吧！

不只在香檳區，在歐洲很多的地方，都有遇到葡萄酒不一定要純飲經驗。像是在奧地利點一杯氣泡酒，他就是給你一杯白酒加一瓶氣泡水，而在西班牙或是葡萄牙的鄉村地區，很多農舍都自己釀酒，單喝其實不好入口，老闆也會很貼心地拿一壺水過來，跟我們說「你就自己兌水，調到適合你們的口味吧。」

經過好幾次這樣的遭遇，有時候會省思我們是不是太過嚴肅地看待葡萄酒這件事了。葡萄酒不過是個飲品，喝起來好喝最重要，不是嗎？就像我們在地的茶文化，紅茶加牛奶，綠茶加維士比，東方美人加珍珠，也不曾聽到有人大加撻伐。

但是，我必須要補充一下，不然會被葡萄酒正義魔人撻伐。對於葡萄酒表現風土的這件事情，我是絕對尊重的。對於那些有法定產區認證

的酒款，像是法國 AOC，義大利 DOCG 等等，一定是要原汁原味的品嚐其風土與人文的特色，絕對不能添加冰塊或是其他飲料，再怎麼說一瓶酒的價錢也不斐啊！但如果是地區餐酒（table wine）等級的，真的不需要拘泥要喝原汁原味，畢竟當地的 table wine 不只拿來喝，也會拿來用在烹煮調味，就像是咱們燒酒雞或是薑母鴨的烹煮，不也是用咱們在地的餐酒「米酒」嗎。

回歸正題，現在的我被問到「喝香檳可以加冰塊或是果汁嗎？」我不會說不可以了，但是我會說對於品質優異的香檳，請好好珍惜釀酒師的苦心，如果真的不喜歡原本風味，與其痛苦地接受，還不如變成調酒來喝，至少我相信不會有人把萬把塊的 Salon 香檳拿來當調酒吧！

註 1：Apéritif 是餐前酒，也稱為開胃酒。香檳常常被拿來做為餐前酒，因為氣泡有歡樂感，而且酸度也高，可以刺激食慾，讓胃口大開。餐前酒就真的是餐前空腹時喝的酒，法國人可沒有要先吃點東西墊墊胃才喝酒這種觀念，因為喝酒是種享受，而不是拿來拼酒的！

註 2：請看 p.176〈cuvée 到底是什麼東西？〉。

微 醺 時 光
Pommery Royal Blue Sky Demi-Sec NV

Pommery香檳廠在漢斯擁有一座美麗的莊園,以及地底綿延18公里的酒窖隧道,再加上許多五彩繽紛的裝置藝術,讓Pommery有香檳界的迪斯尼樂園之稱。

正如Pommery想要傳達的歡樂氣氛,這一支Royal Blue Sky就是一款輕鬆歡樂隨你怎麼喝的香檳。為什麼這樣說呢?因為知道很多亞洲人喜歡香檳加冰來喝,與其教育該怎麼正確喝香檳,不如融入該地文化推出可以加冰塊喝的香檳。正如酒莊的推薦喝法「放入5塊礦泉水做成的冰塊,然後用比紅酒杯大的杯子來享用。」這樣一款香檳喝起來就像是酒精氣泡飲,沁涼的溫度,甜美的口感,綻放的氣泡,不複雜的感覺,不用去討論葡萄比例,不用深究風土釀造,只要大口喝下就有一種直接的暢快感。

Pommery這一款需要加冰塊的Demi-Sec香檳其實並不是第一支設計來加冰塊的,在2011年Moët & Chandon推出了第一款需要加冰塊的Ice Impérial,大獲好評,所以後續還推出了Ice Impérial Rosé,可以加冰塊的粉紅香檳。你一定會好奇這些需要加冰塊的香檳,如果純飲的話會是什麼味道?不是我賣關子不說,是我也沒喝過純的(送來時冰塊已經在裡面了),如果真的那麼好奇,不妨自己去試試吧!

類型　NM
村莊　Reims
價位　平價
適合場景　野餐時沒有冰桶,只有冰塊的時候最適合了

07

為什麼香檳的花果香味比較淡？

有一次在氣泡酒的盲飲會中，讓學員們猜猜看哪些是香檳，哪些是氣泡酒。品飲的酒款裡面有 Champagne、Crémant、Cava、Presecco、Franciacorta、Pét-Nat、Frizzante，以及來自英國薩塞克斯郡（Sussex）的氣泡酒等。

有人提問：「可不可以告訴我們每一種酒的特色，這樣我們才有線索來猜啊！」那就先給大家最明顯的線索——氣泡的強度。今天我們喝到的酒款裡有微氣泡酒，微氣泡酒的氣泡感會比較微弱，像是喝開瓶兩小時的香檳那樣。如果喝不出來，也可以把杯口對著耳朵聽聽看，微氣泡酒的氣泡嘶嘶聲，也會相對比較小，當你找到這樣的酒時，應該就是 Pét-Nat（Petillant Naturel 的簡稱^註）或是 Frizzante（義大利微氣泡酒的稱呼）。

來自義大利的 Presecco，用的是大槽二次發酵，氣泡感會較粗，口感會較甜美，充滿盛夏的花果香氣。來自西班牙的 Cava，因為使用當地原生葡萄品種的緣故，會有比較強烈野果香氣，但因為是瓶中二次發酵，所以氣泡感也挺細緻。接下來的 Champagne、Crémant、Franciacorta，以及來自英國薩塞克斯郡的 Ridgeview 氣泡酒的差異就比較難一言以蔽之了。因為這四種酒主要都還是以夏多內、黑皮諾（Pinot Noir）、皮諾莫尼耶（Pinot Meunier）這三種葡萄來釀造，也都是瓶中二次發酵，風味上會比較接近。

「老師，如果讓你來盲飲這四款酒然後猜猜看的話，你能分得出嗎？」這年頭就是會有這麼不尊師重道的學生來挑戰權威。

我們不希望過於濃郁的花果香氣
遮蓋了那些細緻的酵母味道，
如果這樣就失去了我們香檳特有的優雅個性了。

對於台上的人而言，因爲沒有把握才叫做是挑戰權威，如果很有把握就是大展身手的時間了，但偏偏我沒有把握，要全部猜對可能今日要人品大爆發！所以我換個說法：「這四支酒眞的很接近，連酸度也在伯仲之間，所以大家卽便都猜錯了也不用太自責，因爲我可能也不見得可以全部命中。」

不過也再給大家一個提示，香檳與另外三支氣泡酒的最大差異會是果香與酵母香氣的比例上。另外三支氣泡酒會比較著重在果香的層次，酵母或者說烤麵包的香氣相對微弱，但是香檳在花果香氣的味道比較淡，而酵母或比司吉麵包（Biscuit）的氣息會明顯許多，用這樣的方式找尋，或許你可以先挑出香檳！

之後公佈盲飲的正確答案，當然是幾家歡喜幾家愁，不過其實沒有人全部猜對，我想這跟老師教得好不好應該沒有關係吧！倒是又有人提出了這樣一個好問題「爲什麼香檳在花果的香氣上表現比較不明顯，是刻意爲之嗎？因爲實際跟其他的氣泡酒相比時，花果香氣是比較含蓄的。」我的回答是因爲香檳釀酒師想要讓香檳呈現較優雅的個性，以及較明顯的酵母香氣，所以水果香氣會走比較淡雅的路線。

「那釀酒師是怎麼做到的呢？」這位學員繼續追問，我想這才是他眞正的問題，「如何釀造出香氣淡雅的葡萄酒？」

這樣解釋好了。香檳需要經過兩次發酵（不包含乳酸發酵），而第一次發酵扮演了至關重要的階段。因爲一般香檳的第一次發酵比起普通的白酒發酵溫度來得更高（18-22℃，一般白酒 12-22℃），所以發酵時

程較快，時間也就越短，因爲時間短所以所謂的脂類物質（Esters）未能大量溶進酒裡面，這是比起那些較低溫而較長時間發酵的白酒來說。而所謂的脂類物質正是扮演香氣的重要元素。

香檳的迷人之處，在於它的纖細與複雜，第一次發酵的香氣大多集中在細微的白色花香與黃色水果的味道；然後接下來的第二次發酵，酵母水解（Yeast Autolysis），以及在歲月中陳年的氣息，一起組成了香檳既優雅又多元的香氣。

「如果讓香檳經歷一般白酒的第一次發酵方式，然後再以正常的香檳釀造過程走完後續的步驟，又會怎麼樣呢？」或許你心中會浮現這樣一個問題，因爲我也曾經這麼問過幾位香檳釀酒師。

「我們不希望過於濃郁的花果香氣遮蓋了那些細緻的酵母味道，如果這樣就失去了我們香檳特有的優雅個性了。」那些釀酒師大致上是這樣回答的。

如果你嫌香檳的花果香不夠濃郁，偏偏你又是走花果香系的，不妨品嚐西班牙的 Cava，義大利的 Prosecco，或是英國薩塞克斯郡的氣泡酒，應該會正中下懷。它們就是以花果香著稱，這道理就像是嫌清燉牛肉麵不夠味，那何不乾脆點碗川味麻辣牛肉麵才能大呼過癮一樣囉！

註：只有經過一次發酵的氣泡酒，第一次發酵未完成前便把酒液裝瓶，讓繼續發酵產生的二氧化碳留在瓶內。

微醺時光

Piot Sévillano Brut Tradition "Essence de terrroir"

馬恩河谷算是比較陰涼、日照相對較少的地方，嬌生慣養的黑皮諾與夏多內比較難適應這樣的環境，而相對比較吃苦耐勞的皮諾莫尼耶，在這樣的地方依舊可以生長得很好，表現出在艱困環境中堅忍不拔，而這樣的生命力一樣表現在酒液中。

位在馬恩河谷的葡萄農Piot Sévillano就以當地最多的葡萄品種皮諾莫尼耶為主角，另外搭配黑皮諾與夏多內，各佔15%的比例釀造出這款香檳。香氣濃郁而奔放，酒體飽滿而活潑，細緻的花朵般的香氣以及黃色水果的芬芳蜂擁而至，氣泡優雅而綿長，是一款相當容易接受的自然派香檳。

能夠有如此美妙的風味，就像是這款香檳的名稱「Essence de terrroir」（風土精髓）一樣，是Champagne Piot Sévillano酒莊特有的技藝精神與極致表現了Vincelle 村莊的風土特色。現任莊主Christine是香檳區獨立酒農組織的首位女主席，對環境保護的議題非常用心，非常致力於環境的永續保護，當然酒莊本身也是擁有HVE（High environmental value）證照，透過許多實際的方式，像是種植草地讓土壤更有活力也增加生物的多樣性，完全使用有機肥料等。或許就是這些尊重大自然的態度，讓大自然的美好也回歸在葡萄酒本身吧！

類型 RM

村莊 Vincelles, Marne valley

價位 平價

適合場景 面對大自然產生敬畏之心的時候

08

為什麼香檳的瓶子比較重呢？

我記得當時問這個問題的人問得很客氣，他先說到：「我有一個問題可能有點愚蠢……。」

「沒關係，如果你問了一個蠢問題，那我應該也會回答一個蠢答案，不用擔心。」

他似乎沒聽懂我的安慰，有點欲言又止地說：「我很好奇爲什麼香檳的瓶子都特別重？本來以爲是香檳有氣泡才比較重，後來喝完之後再跟其他空酒瓶比較，似乎還是香檳的玻璃瓶比較重，有什麼特別原因嗎？」

「你這個問題並不愚蠢啊！不然我來問問看現場有沒有人知道答案的？」我心裡的 OS 是：認爲有氣泡會比較重才是愚蠢吧！

現場是一場餐酒會活動，所以我拿起麥克風詢問：「大家有想過香檳的瓶子爲什麼比較重這件事嗎？」看到幾位美女一臉莫名狀，她們可能沒有拿起香檳瓶的機會，每次都有人服務把酒倒好在香檳杯了。

大家面面相覷，後方有一位男士冒出一句：「因爲瓶子比較重，拿起來比較有質感，所以可以賣

比較貴！」話畢，引來現場大家一陣同意的笑聲。

「你這樣說我也不能反對，的確很多酒莊會設計較重的瓶身，讓整瓶酒拿起來的時候更有質感。但是香檳的瓶身會比較重，其實是有實質上的意義的。」在台上當講師總是要說一些別人猜不到的答案，這樣才不會失業！

我們知道香檳跟一般葡萄酒的差別是什麼？就是香檳是有氣泡的，所謂的氣泡是融入酒裡面的二氧化碳（因為在二次發酵時已封瓶，發酵產生的二氧化碳無法散出所以融入酒裡面），因此會使香檳內呈現巨大的壓力，有多大呢？香檳瓶內的壓力是正常大氣壓力的 6 倍，或者說香檳的瓶內壓力可以達到 6 大氣壓，所以玻璃瓶要能承受如此大的壓力是很不容易的。尤其在 16、17 世紀時，製作玻璃都是靠燃燒木頭，產生的溫度不夠高，所以製作出來的玻璃顏色較淺且脆弱。而當時運送香檳都是靠馬車行駛在石頭路上，一路顛簸碰撞，非常容易造成香檳的玻璃瓶爆裂。

所幸在 17 世紀初有「英國玻璃」（Verre Anglais）的發明。當時的時空背景是一位皇家海軍上將，羅伯‧特曼賽爾爵士（Sir Robert Mansell）跟國王詹姆士一世（King Jame 1）進言要明令禁止砍伐英國樹木，因為這些都是建造軍艦的主要原料，所以玻璃工廠轉而尋求替代原料，也就是煤炭。燃燒煤炭的火勢更為猛烈，再藉由風洞將爐子加熱到超高溫，加上燃料中含有雜質（錳和鐵），因此產生出顏色深沉而且更加堅固的玻璃瓶。

香檳進行自動化的包裝流程。

香檳瓶內的壓力是正常大氣壓力的 6 倍，
或者說香檳的瓶內壓力可以到 6 大氣壓，
所以玻璃瓶要能承受如此大的壓力是很不容易的。

總算有可以裝盛香檳的玻璃瓶了，但爲了安全起見，畢竟是要裝 6 大氣壓的香檳，所以在酒瓶的製作上還是會比其他靜態酒的酒瓶來得厚實，所以也就會更重一些。而且大家有沒有注意到，香檳的瓶底凹槽也常常會比其他酒瓶來得深，因爲瓶底的凹面又助於分散壓力，即便結冰使得體積變大，凹面也有更大的伸展空間，比較不容易爆開。

「現今的玻璃製作技術已經很發達啦，爲什麼玻璃瓶身還要那麼重，眞的是因爲可以賣比較貴嗎？」有人繼續追問。

不說你不知道，近幾年香檳的瓶子已經在減重了，主要是法國香檳同業公會也在因應生態永續發展的保護計畫，盡可能控制碳排放量。據報告指出有三分之一的碳足跡[註] 是來自於包裝，所以他們將香檳的瓶身從 835 公克減至 775 公克，而這減少的 60 公克就可以有效地減少 10% 的二氧化碳排放量。

想不到回答一個突發奇想的「蠢」問題，居然可以連結到二氧化碳排放量這樣嚴肅的話題，讓我也著實嚇了一跳。

註：碳足跡（carbon footprint）是指一項活動或產品的整個生命週期中，直接與間接產生的溫室氣體排放量。

微 醺 時 光
Louis Roederer Cristal 2004

喜歡喝Louis Roederer Cristal的人一定有發現Cristal的酒瓶與其他的香檳瓶有些不同，瓶子的玻璃是全透明，瓶子的底部也是平底設計，為什麼會有這樣的設計呢？這要從1867年說起，當時一場三皇飯局讓俄羅斯的沙皇亞歷山大二世（Tsar Alexander II of Russia）喝到這一款相見恨晚的香檳，所以在飯局之後，沙皇就決定叫Louis Roederer香檳廠特別為他訂做一款全新的香檳。酒瓶必須用透明玻璃做（這款香檳Cristal也因此得名，因為Cristal是水晶的意思），瓶底則改為平底的設計，就是為了能夠一清二楚看到瓶中物，無法在瓶中暗藏毒藥或是危險物品。

這款香檳第一次生產為1876年，當時只提供給俄國沙皇。直至1918年，十月革命推翻了沙皇，然後爆發第一次世界大戰，Cristal幾近停產；直到1945年才正式在市場上公開發售，並成為Louis Roederer的旗艦款香檳！

因為透明瓶身以及Cristal之名，讓它成為情人間表達純潔愛意的最佳香檳。當你約會開啟一瓶Cristal的時候，也會發現它的氣泡相對溫柔婉約，並不是動情激素的錯覺，而是因為酒廠在二次發酵的添糖[註]有做調整，讓Cristal瓶內大氣壓力約為5大氣壓（一般香檳為6大氣壓），所以喝起來相對典雅溫和。

如果你有買Cristal，包裝會有一層金黃色的玻璃紙，一定要在飲用前才打開。因為Cristal的瓶身是全透明的（其他香檳瓶子是綠棕色），抵擋不了太陽的紫外線、所以金黃色玻璃紙是Cristal的最佳防護衣。

類型 ｜ NM
村莊 ｜ Reims
價位 ｜ 高價
適合場景 ｜ 跟有暗殺危機的王公貴族約會時

註：請看 p.150〈香檳有天堂，還有三階段？〉。

09

喝香檳是不是比較容易醉？

「喝香檳是不是比較容易醉？」有一次正在主持香檳品酒會，才剛剛品飲到第二杯時，一位輕熟女突如其來的提出這樣的問題。

我看她兩頰緋紅，雙眼迷濛，沉浸在似夢似真的享受中，回答太過專業已經沒有意義，反正她也聽不進去，所以我索性回答她「這不就是你來參加香檳品飲會的目的嗎！」

我相信很多人都有相同經驗，喝香檳的時候比較容易醉，拿起香檳的酒標看一下，香檳的酒精濃度大約都是落在 12.5% 左右，比起紅白酒相對來得低，怎麼反倒會比較容易醉呢？

其罪魁禍首就是香檳裏面那些氣泡，也就是二氧化碳。抱歉，我應該要更正一下，不應該說罪魁禍首，這樣聽起來太褻瀆香檳了，應該是說會讓我們更容易進入似夢似真的情境催化劑，就是那些在我們舌尖上跳舞的可愛氣泡們了！

已有許多研究機構做過實驗而且證實，二氧化碳會使消化系統加速吸收酒精。因為氣泡會加速腸胃蠕動，讓酒精更快進入腸道，而且快速地被吸收進入血液，造成血液的酒精濃度大幅升高，血液的酒精濃度提高也就是酒醉的感覺了。

而且不只是有醉的感覺，研究報告還提到氣泡會讓人的反應變遲鈍，也就是知覺感受的鈍化，這也不是壞事唷！這是我們喝香檳的時候為什麼這麼容易進入放鬆而飄然的感覺。

而且，香檳經常被用來當作餐前酒，所謂的餐前酒就是空腹時喝的酒。你有沒有被告誡過「千萬不要空腹喝酒，不然醉得快」，而香檳就是要你空腹喝，所以吸收效果更佳。而且當你手上拿著充斥著冉冉上升的小氣泡的香檳杯時，唯恐它那些美麗的氣泡會因為你跟朋友多聊幾句而消散得無影無蹤，因此會加緊腳步在瞬息之間大口啜飲那些像是星空般的泡泡，那你就著了香檳的道兒，氣泡＋空腹＋大口喝酒，就是走向酒醉的道路。

允許我用另一個說法來形容香檳的酒醉，香檳的醉不是滿身酒氣的酒醉，而是一種飄向星空的陶醉，而且滿身還會飄散著優雅的花香氣息，難道你能夠否認嗎？

看到這邊，你可能學到了與其把香檳當開胃酒，不如把它移到餐後來喝，吃飽喝足之後才喝香檳，應該就不那麼容易讓血液中的酒精濃度升高了吧？那你就大錯特錯了！因為在酒足飯飽之後，胃裡面充斥著啤酒、紅酒、清酒，還可能有威士忌，這時候一杯香檳灌下去，會一股腦地將胃裡面的酒精直接衝腦，此時應該就能體驗傳說中的斷片了。

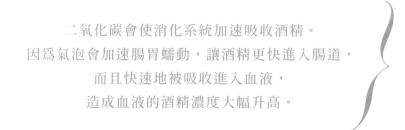

二氧化碳會使消化系統加速吸收酒精。
因為氣泡會加速腸胃蠕動，讓酒精更快進入腸道，
而且快速地被吸收進入血液，
造成血液的酒精濃度大幅升高。

所以當你想灌醉女生時，最好就是在混酒之後為她獻上一瓶香檳，告訴她「香檳是讓女人喝醉依舊美麗的葡萄酒」^註，包她馬上軟綿綿地醉倒在你懷裡。不過這一段我是寫給女生看的！

註：「香檳是讓女人喝醉依舊美麗的葡萄酒」這句話是出自龐巴朵夫人（Madame de Pompadour），法國國王路易十五的情人，號稱巴黎最美的女人。

龐巴朵夫人全身像。

微 醺 時 光
Gremillet Blanc de Noir Brut NV

記得數年前第一次喝到這款香檳時，有被它的風味感動到，而知道它的價格時更有被震驚到，這是一款我認為CP值相當高的香檳。

來自於南方Cote des Bar，是香檳最南方的產區，距離漢斯（Reims）有超過1百公里之遠。因為距離主香檳區非常遙遠，所以在上個世紀經過多年的抗議與爭取，才在1911年才進入香檳區，但也只是掛名第二香檳區（Champagne Deuxième Zone），一直到1927年才被證明為正式的香檳產區。

因為距離遙遠，這邊的風土環境與我們熟悉的漢斯山丘、馬恩河谷、白丘等景觀截然不同，Cote des Bar遍佈著丘陵與森林地形，小溪河流穿插其中，以及壯闊的葡萄園，看起來更像一幅田園風景畫。

而就是這樣一個位在香檳區最南端的地方，因為陽光更為充足，產出了非常成熟優質的黑皮諾。而這一支黑中白香檳就是以100%的黑皮諾釀造，香氣馥郁，口感飽滿，風味上帶有一些熱帶水果的香氣，而且是成熟的水果香味，入喉之後還會有些微的胡椒氣息繚繞，酸度明亮但不尖銳，非常簡潔而華麗的一款酒。不知該不該這麼形容它，這是一支不需細加品嘗、漫不經心地喝就會覺得很好喝的香檳。

而且這一款香檳被全球70多個大使館與領事館選為宴客用香檳，也包括了法國自己呢！

類型	RM
村莊	Balnot-Sur-Langnes, Cote des Bar
價位	平價
適合場景	有香檳無限暢飲的衝動時

香檳這個名字怎麼來的？

有聽說過香檳之所以叫香檳，是因為聞起來很香，就像臭豆腐之所以叫臭豆腐，不就是因為它的臭嗎？

對於這句話，只能真心感謝當時翻譯得好，因為中文的翻譯名字讓香檳聽起來更高貴，更有魅力了！

上面只是笑話，我們都知道香檳這字是翻譯來的，來自英文的「Champagne」。什麼？是英文嗎？假如你跳出這樣的問號，表示你對香檳有一定的認識，其實 Champagne 這字是來自於法文，英文跟法文的拼法剛好都一樣（不是每個產區都如此，像是布根地，法文是Bourgogne，而英文是 Burgundy），不過念法就有那麼一點點差別了。

不論如何，我們知道香檳這字是來自法文就好，就像我們也應該知道香檳是來自於法國香檳。

香檳來自於法國香檳，這句話聽起來似乎有點奇怪？但這兩個香檳指的是不一樣的事物，第一個香檳指的是香檳酒，就是那些讓我們喝得很開心，還會微醺的香檳酒；而第二個是地名，也就是法國香檳產區，那個位在法國巴黎東邊約 150 公里左右的葡萄酒產區。中文看起來容易混淆（中文的宿命就是如此，譬如：不能將兵，而善將將），但在法文其實有它的規則：

Champagne：指的是產區，開頭大寫。
champagne：指的是香檳酒，開頭小寫。

說文解字地說了那麼多，很開心你這麼有耐心看到這邊。再補充一點，其實香檳這字最早來自於拉丁文「Campagna」，意即「unforested land」、「open country」、「Plain」，泛指沒有森林覆蓋的廣闊平原。因此法國有數個平原都以香檳為名，最有名的莫過於干邑區（Cognac）的大香檳區（Grande Champagne）與小香檳區（Petite Champagne）。這跟產氣泡酒的香檳區有什麼關係嗎？其實沒關係，而且兩者生產的酒截然不同，香檳生產的是發酵酒，而干邑生產的是高酒精濃度的蒸餾酒，唯一相同就是原料都為葡萄，而且喝多了都會醉吧！

如果你到過香檳區，你會知道「廣闊平原」這並不完全真實，至少不是像嘉南平原那樣一馬平川。整個香檳產區的地形是波浪起伏的丘陵地，山谷都不深，一般介於海拔 60 ～ 180 公尺左右。在較高的山丘上樹林

位於埃佩爾奈（Épernay）的香檳大道路牌。

> 我們喜愛香檳的葡萄園會
> 位在 La Champagne Viticole，表土層薄，
> 由泥土、石灰岩、白堊土等共同組成，保水性佳，
> 這樣才能種植出品質優異的好葡萄。

密佈，而坡地上則是一望無際的葡萄園，而許多村落會聚集在半山腰的地方。也就是這樣波浪起伏的坡地造就了香檳的特殊風土，有陡坡也有緩坡（山坡的平均坡度為 12%，有些坡度可以到大約 60%）。如此的地形有助於排水，也讓葡萄樹可以更有效地接受日光照射。

在香檳區，你可能也會聽到這樣的名詞：La Champagne humide（Wet Chamapgne，濕香檳）或是 La Champagne pouilleuse（Dry Chamapgne，乾香檳），千萬別誤會成是某一種可以喝進肚子裡的香檳類型，其實這是地質學上的劃分罷了。La Champagne humide 位在靠東邊的位置，屬於沼澤濕地的地況，土地肥沃適合種植一些作物，而 La Champagne pouilleuse 位在相對靠西邊的地方，顧名思義，土地乾涸且都是貧瘠的白堊土，適合牧羊吃草而已，甚至還被稱作 Lousy Champagne（爛香檳）或是 flea-bitten（鳥不生蛋）。而大家喜愛的香檳葡萄園會位在 La Champagne Viticole，表土層薄，由泥土、石灰岩、白堊土等共同組成，保水性佳，這樣才能種植出品質優異的好葡萄。

香檳這個地方，在中古世紀還沒種植那麼多葡萄園時，因為沒有太多森林覆蓋是很適合人與馬匹行走的交通要道，所以有很多的商旅行經，當然也包括軍隊出征，像是拿破崙每每東征之時，一定會刻意經過香檳區。當然啦，或許他只是要去 Moet & Chandon 的酒窖一醉方休！

微 醺 時 光
Nicolas Feuillatte Réserve Exclusive Brut NV

我記得我在法國唸葡萄酒課程時，有一次香檳的考試中有這樣一道題：在法國銷售No.1的香檳品牌是？我豪不猶豫寫下了「Moët & Chandon」。後來檢討考卷時才發現所有非法籍學生全部答錯（幾位法國人也答錯），連公佈答案時，大家依舊不敢相信這個聽都沒聽過的香檳品牌：Nicolas Feuillatte（全世界銷量排名第3，僅次於Moët & Chandon以及VCP）。

當天課後我們幾位同學立即跑到學校附近的超市，買了一瓶Nicolas Feuillatte Brut一探究竟。對於喜歡追求稀奇古怪口感的葡萄酒學院的學生來說，這款香檳太過平易近人了，沒有令人驚奇的酸度，沒有值得咀嚼的礦石感，也沒有長期陳年的滋味，有的只是豐富的果香味與圓潤甜美的口感。之後我遇到有喝過這款香檳的法國朋友總會詢問一下，得到答案大部分就是「這就是我喝習慣的香檳味道，非常平易近人，不只是口感，價錢也是。」

這是一家不去特別標榜自己的香檳有多了不起，甚至敢說自家香檳就是「commercial」（商業）香檳。其實看過酒莊的介紹一點也不意外，Nicolas Feuillatte是以CM註（Coopérative Manipulant，釀酒合作社）的名義釋出，葡萄的採購對象多達4千多家葡萄農。這些合作的葡萄園面積合計佔香檳葡萄園總面積的7%，年產量甚至高達2千萬瓶，所以出廠的香檳就是訴求大眾化口味。像是這支Nicolas Feuillatte Réserve Exclusive Brut NV用了40%年輕飲用時更為可口的皮諾莫尼耶，以及40%讓酒體更圓潤更豐美的黑皮諾，20%的夏多內則增添酸度與細緻度，整體口感圓潤討喜，推薦給想喝香檳又怕酸的朋友。

類型　CM
村莊　Erernay
價位　平價
適合場景　法國旅遊時隨處可得的小資滋味

註：請看 p.138〈什麼是 NM，RM，CM，傻傻分不清楚？〉。

Nicolas Feuillatte Réserve Exclusive Brut NV

11

香檳區有什麼伴手禮呢？

在一場輕鬆的香檳品飲會之後有一段 Q&A
時間，有一位貴婦提問：「香檳區有什麼
伴手禮呢？」因為下個月她跟她家人要去法國
玩，會短暫去香檳住個一兩天，所以有此一問。

「香檳區最好的伴手禮就是香檳啊！」我毫不思
索地回答。

「不是啦！有沒有什麼土產或是特產可以帶回來
送親朋好友的？或是什麼當地美食必吃，像是去
彰化要吃肉圓，來九份要吃芋圓一樣。」

一時之間我傻眼了，第一次愣在台上不知如何回
答，這是我在台上遇到最難的一個問題，就算問
艱深的土壤地質問題還不至於讓我不知所措。雖
然我去香檳區好幾次了，但每次給我自己的伴手
禮除了香檳以外，就還是香檳。香檳區有什麼伴
手禮？有什麼美食？說真的，那瞬間我腦袋空空
的！

「老師，你出國都不買東西送朋友的喔！」那位
貴婦看我愣在台上，還落井下石了一句。

不過這倒激起了我的回憶，記得好久以前第一次
到香檳區時，會特別去逛伴手禮商店，有看到形

香檳區另外還有一種特產叫做
粉紅比司吉（Biscuit rose de Reims），
從 1691 年問世以來，
就被當作是香檳區的招牌甜點。

香檳區知名甜點粉紅比司吉。

狀類似香檳軟木塞的巧克力，名字叫做香檳酒塞巧克力（Bouchon au marc de champagne）。不只是形狀特別，而且巧克力裡面還包了香檳區的蒸餾酒（marc de champagne），所以一定要一口吃進嘴裡，咬破巧克力後感受酒液流淌到整個口腔的快感，非常昇華的美味。這應該很適合當作香檳區的伴手禮吧！只可惜未滿 18 歲不能食用。

講到甜食，香檳區另外還有一種特產叫做粉紅比司吉（Biscuit rose de Reims），從 1691 年問世以來，就被當作是香檳區的招牌甜點。名字上的 rose 是因為它的顏色而得名，並不是用粉紅香檳做成的。這是一種很有脆感的餅乾，帶些細緻的香氣。在香檳的傳統吃法，是把粉紅比司吉泡一下香檳，同時享受軟與脆並存的口感。不過這甜點不適合長途旅行，放久了吸收了水氣質地就變軟，少了那種酥脆的口感，人生有些美好就只能留在當地囉！

至於鹹食類，在 Châlons en Champagne（香檳省的首府）這個地方有一道用香檳烹煮的雞肉料理，但是畢竟香檳味道淡雅，在烹調之後其實不會留下明顯的味道，有廚師跟我解釋因為香檳的氣泡可以讓雞肉的質地更柔嫩，但我反問他那何不用氣泡水就好呢？他一定覺得我少了法國人的浪漫情懷吧！所以我自己覺得這道香檳入菜的料理比較偏向心理層面，而不是味覺口感。也遇過一些餐廳會強調沾醬或是醬汁是有加入香檳的，但恕我口拙，都吃不出醬汁裡的香檳葡萄品種。

有一道菜必須一提，就是特魯瓦香腸（Andouillette de Troyes，特魯瓦是香檳區歷史上的首府）。其實這道料理在法國許多地方都吃得到，但在特魯瓦這裡別具意義，因為特魯瓦香腸說是拯救了特魯瓦這座城市

一點也不爲過。時間發生在 16 世紀末，保皇黨的軍隊成功入侵特魯瓦城市，佔領了城市裡當時特魯瓦香腸非常有名的 Saint-Denis 區。飢腸轆轆的士兵們開始大啖起特魯瓦香腸，可能太好吃讓每個士兵都吃得太飽，不僅昏昏欲睡而且鬥志渙散，反而讓守軍得以喘息而重整攻勢，來個絕地大反撲，將保皇黨個個吃得腦滿腸肥的軍隊盡數殲滅。

這道料理主要是由豬肚、豬腸，以及新鮮的洋蔥、蔬菜佐以香料做成。法國人有時候會以冷盤食用，但我偏好用平底鍋加熱或是燻烤過後來吃。你可能想問豬肚豬腸的腥味會不會很重？我想對於常喝酸菜豬肚湯、四神湯的台灣人來說，是一種熟悉又特別的美味異國料理。

香檳區還有一些當地特別的起司跟火腿，起司像是沙烏斯起司（Fromage de Charouse）或是朗格勒起司（Fromage de Langres）；火腿有名的像是阿登火腿（Jambon d'Ardenne）或是漢斯火腿（Jambon de Reims），都很值得試試看。哪裡可以買？一般超市賣場就買得到囉！但別忘了隨意攜帶肉品回台灣可是要罰錢的，除非你裝在肚子裡。

聽完我的這番話之後，那位貴婦默默地說：「看來我還是帶香檳比較實在。」

微醺時光
André Clouet Un Jour de 1911 Brut NV

記得有一陣子稻草香檳紅翻天，只要是有香檳的聚會就會有稻草香檳的出現，為什麼叫稻草香檳呢？因為香檳的外層是用稻草包覆，看起來非常自然文青風，而且敗絮其外、金玉可是在其中，拆掉外層的稻草之後，可以看到炫目的燙金酒標，非常的華麗古典，與外層粗獷的稻草形成很大的反差。酒標會如此華麗，其實知道他們家族歷史的人就不會感到意外，因為他們家在早期可是法國皇室的御用印刷商。

這支稻草香檳命名為Cuvee 1911，但我猜想跟慶祝中華民國誕生一點關聯都沒有，它是為了紀念20世紀最好的年分1911年，因此命名「un jour de 1911」，而且每一批次也只推出1911支。雖是無年分香檳，但儲備酒（reserve wine）[註]用的比例相當的高，都會超過一半以上，而且是以Solera的系統釀製方法，因為是100%由黑皮諾釀造（酒莊莊主是黑皮諾的擁護者，香檳廠除了黑皮諾沒有其他品種），香氣上也較為馥郁，似乎有淡淡的茉莉花的氣息，以及起司、蕈菇、烤餅乾等香氣，口感優美細緻，是一支從外到內都令人讚嘆的一款香檳。

後來我自己也買了幾支稻草香檳，才慢慢了解為什麼大家都喜歡趕快帶稻草香檳到聚會上喝掉，不是它不能陳年，而是因為它外層的稻草太佔酒窖的空間了。

類型　NM
村莊　Bouzy, Montagne de Reims
價位　平價
適合場景　家裏酒櫃的空間不夠用的時候

註：請看 p.214〈儲備酒、窖藏酒、保留酒有什麼不一樣嗎？〉。

12

你有聽說過地窖裡的鐵面人嗎？

有一次跟朋友在喝香檳閒聊時，同桌一位友人突然想到一件事，打斷大家的話直接問到：「幾年前有一次我在參觀香檳酒莊時，看到有一張照片，照片裡面的人帶著鐵面具，有點嚇人，這跟那部電影《鐵面人》有關係嗎？鐵面人的故事是發生在香檳區嗎？」

可能你沒看過電影《鐵面人》，我們先簡短地說一下鐵面人的來龍去脈。故事講述的是法國國王路易十四時期的一位囚犯，終身監禁而且一直帶著一個上了鎖的鐵面具，沒有人見過他的容貌，所以更增加他的神祕性，著名的文人伏爾泰以及大仲馬都紛紛在文字中猜測是路易十四的親生兄弟。如果有興趣瞭解更多，不妨找一下 1998 年的電影《鐵面人》（The Man in the Iron Mask），還可以看到年輕的李奧納多・狄卡皮歐（Leonardo DiCaprio）；或是大仲馬的名著《三劍客》（Les Trois Mousquetaires）裡也有鐵面人的故事，可以找來翻閱一下。

回到主題，如果看到一個帶著鐵頭套的人在地窖裡面，的確會聯想到電影裡面的鐵面人，但是鐵面人的故事是發生在巴黎而不是香檳區。那為什麼會在香檳區看見鐵面人呢？

其實在 18 與 19 世紀，每個釀造香檳的酒莊地窖裡都會出現鐵面人，但這並不是要模仿路易十四時期的鐵面人，也不是現今鋼鐵人的前身，那些人會帶著鐵面具，單純就是因為安全考量！

帶著鐵頭套是基於安全理由，但是待在地窖裡面都可以當防空洞避開槍林彈雨了，還會有什麼危險呢？其實危險就是來自那些存在香檳裡面的夢幻泡泡們。

香檳瓶裡面的泡泡，就是二次發酵時被封住的二氧化碳，溶到酒液裡面，因而造成瓶內大氣壓力比外界來得高出許多。我們正常平地的大氣壓力是 1bar，香檳瓶裡面的大氣壓力是 5 ~ 6bar，而抵抗這個大氣壓力的就是那些脆弱的玻璃瓶。而在百年前玻璃的製作技術還沒有今日這麼的精湛，強度也不如今日的堅固，所以當時在酒窖工作，尤其是轉瓶作業期間，工人們都會帶著鐵面具來保護臉面，因為每一瓶香檳都像一顆定時炸彈，不知道什麼時候會爆破。被香檳噴灑倒是沒有什麼大礙，但是被天外飛來的玻璃碎片刮過可就嚴重了！

也因爲香檳會爆破的緣故，所以香檳在擺放的時候，有一種特定的傳統擺放方式叫做 Sur Lattes，就是將香檳頭尾來回交叉緊密地形成一個平面，放上細條木板（Lattes）再往上堆疊，這樣的好處是當一瓶香檳爆破時，不會因爲缺一瓶頓失支撐力而讓上層的香檳崩塌，卽便是現今玻璃製造技術已經非常成熟，但偶而還是會看到 Sur Lattes 有個缺口，那就是被天使提早開瓶（爆破）的香檳了。這也是爲什麼絕大部分的香檳廠仍舊沿用 Sur Lattes 的擺放方式，尤其還可以展示給觀光客參觀跟拍照，眞是一舉兩得。

現在參觀酒窖時，你不會看到帶著鐵面具的工作人員，但是當你在喝香檳時，卻會看到每瓶香檳頭上都有一個鐵蓋（用鐵線扣綁起來的那個小帽子），你有想過爲什麼嗎？每次問到這個問題，最多人的回答就是，那個鐵蓋是喝完香檳之後可以拿來收集。這就因果顛倒了，正是因爲香檳的生產過程有這個鐵蓋的需求，才被後來的香檳愛好者拿來收集。那到底什麼是眞正的原因呢？爲什麼只有香檳這種葡萄酒才有這樣的鐵蓋小帽子呢？

這又要回到那個環境衛生不太好的年代了，環境衛生不太好是對我們人類而言，但對一些小動物來說才是生態健全而友善的環境，這些小動物之一就是老鼠，廚房有老鼠，地窖裡當然也有老鼠！廚房的老鼠會偷吃食物，當然地窖裡的老鼠也會偷喝香檳。這不是開玩笑，當時香檳的添糖都高達每公升數百公克，添糖的過程也會讓瓶口沾到糖分，這些對於糖分裝有雷達的囓齒類動物們，怎麼會放過呢？（如果說威士忌有「Angel's Share」[註]，那香檳就有「mouse's share」了）這些老鼠們嗜甜如命，不斷啃咬軟木塞，啃著啃著悲劇就發生了，被啃囓軟木

塞的香檳因此爆破，而這些只是貪吃糖的小老鼠就會被炸得支離破碎。

不過老鼠的死活不會是酒窖總管在意的事，香檳在變賣成現金之前被偷喝掉才是需要解決的事情，所以這樣一個鐵蓋小帽子的需求就應運而生，讓一瓶香檳最脆弱（最容易被嚙齒類攻擊）的地方包覆著鐵蓋與鐵線扣，這樣就可以確保沒有「mouse's share」了！

p.s. 我們這邊稱作鐵線扣的法文叫做 Muselet，就是所謂 muzzle（嚙嘴）的意思。這是 Adolphe Jacquesson 的發明，然後在 1844 年取得專利。這個名字似乎有點眼熟，沒錯，他就那位於 1798 年在迪濟（Dizy）鎮上成立香檳廠 Jacquesson & Fils 的創辦人。

註：「Angel's Share」是指威士忌裝在橡木桶過程中，因木桶不完全密封而隨著時間自然蒸發一些比例。

Sur Lattes 裡一瓶被天使先開瓶的香檳。

微 醺 時 光
Alfred Gratien Brut 1999

記得年輕時喝到Alfred Gratien就被它的美妙滋味折服了，一直到有機會到酒莊拜訪，與2017年時被譽為年度風雲釀酒師（winemaker of the year）的Nicolas Jaeger，桶邊試飲時聊聊他的釀造哲學，才瞭解Alfred Gratien香檳的美味秘訣。

Alfred Gratien的獨特之處在於選用228公升的小型橡木桶進行首次發酵，而且這些橡木桶多是來自於布根地夏布利（Chablis）產區，再加上不進行乳酸發酵，所以風味上透露出一些明顯酸度、微氧化等氣息。聽著Nicolas Jaeger的述說，聽到一句「我們在首次發酵就是用selected yeast（人工選育酵母）……」，我忍不住問他：「很多的香檳廠都標榜使用野生酵母，為什麼你會選擇使用選育的酵母呢？」

「葡萄就像你的孩子，你是最懂你孩子的人，如果他有打網球的天賦，他應該幫他找一位網球的教練，而不是一位彈鋼琴的老師，如果他有下西洋棋的熱情，那就培養他成為一位棋士，而不是強迫他成為一位釀酒師。酵母就像幫孩子成長的導師一樣，選對導師就可以幫孩子走向他的天賦與熱情所在，任由他跌跌撞撞地霧裡尋路，可能就糟蹋了良質美玉，香檳的釀造也是一樣的道理。」

當時的我只能默默喝著香檳，因為這是非常發人省思的一段話。葡萄酒就是這麼富含哲學，怪不得總是耐人尋味得好喝。

類型　NM
村莊　Epernay
價位　中價
適合場景　當你教育小孩遇到瓶頸的時候

Alfred Gratien Brut 1999

3

為什麼香檳產區只生產
有氣泡的酒呢？

Bollinger 酒廠生產的靜態酒：Coteaux Champenois。

「**為**什麼香檳產區只生產有氣泡的酒呢？」「是誰跟你說香檳產區只產香檳？」當我聽到這個問題的第一時間反射回問。

「因為我都沒有喝過香檳產區的靜態酒啊？所以自然覺得香檳產區只有那種有氣泡的酒，不是嗎？」

你沒喝過不代表就沒有啊！就像是你沒看過冥王星跟踏上海王星，不代表它們就不存在啊！這扯得有點遠了，拿個葡萄酒的比方來說，就像我們買不起羅曼尼・康帝（Romanee Conti）[註1]，並不代表它就賣不出去，這又扯得有點悲情了。

讓我們回歸正傳，先來說說香檳產區的原產地命名控制（Appellation d'origine contrôlée，縮寫：AOC）吧。

香檳的 AOC 很簡單，只有 3 個，不像波爾多有 65 個 AOC，或像布根地有超過 150 個 AOC（包含夏布利法定產區（Chablis）以及薄酒萊產區（Beaujolias）的話）。

香檳的 3 個 AOC 分別是：

AOC Coteaux Champenois：沒有氣泡的靜態酒。
AOC Rose des Riceys：香檳區的粉紅酒。
AOC Champagne：就是我們喝到有氣泡的那種葡萄酒。

AOC Coteaux Champenois 就是靜態酒，也是香檳產區最一開始生產的葡萄酒，畢竟香檳產氣泡葡萄酒也才 3 百多年的歷史而已。在香檳釀造方法被研究與大量生產之前，香檳地區就與其他產區無異，都是生產靜態酒，這些靜態酒被稱為 Vin Nature de la Champagne 或是 Vin Originaire de la Champagne Viticole。直到 1974 年，掌管法國葡萄酒原產地命名法規的政府機構（Institut National de l'Origine et de la Qualite，簡稱 INAO）將其更名為「Coteaux Champenois」。

Coteaux Champenois 的釀造葡萄就是香檳的法定葡萄品種，而且也可以像香檳一樣生產無年分的靜態酒，絕大部分比例的靜態酒是白酒，只有少數的紅酒與粉紅酒。就像一般的靜態酒，Coteaux Champenois 一般也會標註村莊名，甚至是葡萄園的名稱，就像是有名香檳廠 Bollinger 的靜態酒：Bollinger Coteaux Champenois La Côte aux Enfantes。

AOC Rose des Riceys 這種酒算是比較深色的粉紅酒，嚴格地說，已經不能稱作粉紅色了，硬要說的話，算是淡紅酒的色調，甚至接近淡雅的布根地紅酒的顏色。不意外，因為這種酒主要就是用黑皮諾生產的。其產區主要是座落在 Laignes 河流邊的三個村莊，在左岸的 Ricey Bas，以及在右岸的 Ricey Haut 與 Ricey-Haute-Rive。這款酒的釀造方式多採用半二氧化碳浸漬法（Semi-carbonic Maceration）[註2] 來進行酒精發酵，之後還會在酒窖中陳年 3 年左右才釋出。酒的香氣也比挺耐人尋味的，可以品嘗到一些鵝莓、黑醋栗、薄荷甚至巧克力的味道，聽說是法王路易十四的最愛，這不稀奇，因為他愛的酒可是不勝枚舉呢！

Rose des Riceys 是在 1947 年獲得 AOC 的認可，雖然已經有非常長的

時間，但是知名度非常低，就跟他的產量一樣非常地少（不一定每年生產，只有當黑皮諾達到足夠的成熟度時才會生產），比 Coteaux Champenois 產量還少，所以有機會到香檳產區時，別忘了買一瓶來喝喝看喔！

AOC Champagne 你應該很熟了，就是那些你看到酒標上標有香檳（champagne）字眼，然後開瓶倒出來時會美得冒泡的酒，就是香檳了。如果真的不熟的話就把這本書看完就會熟了。

至於為什麼很多人的確不知道香檳區有這麼多種酒呢？原因很簡單，因為進口商很少進口，那為什麼進口商很少進呢？原因更簡單，就如你現在心中想的，因為不好賣啊！

註 1：法國布根地頂級的葡萄酒酒莊，酒款售價極高。

註 2：二氧化碳浸漬法是直接對完整的葡萄（不先壓榨將果汁跟果皮分離）進行發酵，這樣的葡萄酒會有較低的丹寧，此法常見於法國薄酒萊產區。

微醺時光
Bollinger Vieilles Vignes Françaises (VVF) 2009

提到Bollinger，就會令人聯想到《007》主角詹姆斯·龐德（James Bond）那時尚、幹練、萬人迷的印象。而提到Bollinger的風味，也是令人想到以黑皮諾為主的豐郁調性，以及充滿橡木桶陳年香氣的風格，是如此令人魂牽夢縈、回味再三。

說到Bollinger，不得不提傳奇人物Lily Bollinger最為人所稱道的經典名言「不論開心或悲傷，我都要來一杯香檳。而當我孤獨時我用香檳解悶，當有朋友相聚時我用香檳慶祝。如果不餓，我會細細啜飲香檳，不然我則暢飲香檳。除此之外，我就不碰香檳了，除非我口渴了！」

而Bollinger的鎮莊之寶更可以說是香檳的傳奇。早在20世紀初，法國香檳區的許多葡萄樹都受到根瘤芽菌的衝擊，只有極少數的葡萄藤存活下來，而Bollinger正好有一塊沒有受到根瘤芽菌攻擊的葡萄園（就座落在酒莊旁），存留著至今未經嫁接的葡萄藤。這支Bollinger VVF香檳就是使用那些存活下來，最原始的法國老藤葡萄果實所釀製的。這些法國老藤至今依舊使用最原始所流傳下來的方法來栽種以及照顧的，每批次的產量可能才2千瓶，可見其稀有及珍貴。

這款酒喝起來滋味如何呢？其實我沒有喝過，期待有一天能跟您一起品嚐了！

類型　NM
村莊　Aÿ-Champagne，Vallée de la Marne
價位　高價
適合場景　與萊特一起看《007》電影時喝

Bollinger Vieilles Vignes Françaises (VVF) 2009

14

為什麼其他氣泡酒不能叫香檳？

漢斯車站出來會看到大大的 REIMS 地標。

「**有**人在你面前把氣泡酒叫做香檳，你會糾正他嗎？」曾經有人問過我。

「不會，我會順著他說這支香檳挺好喝的呢！」

「如果你連香檳跟氣泡酒都不分說清楚的話，還算什麼香檳大師呢？」

「香檳大師這頭銜不是要用來說教的，而是讓大家能夠愉悅地享受香檳，甚至其他氣泡酒吧！」

不瞞你們說，有時候在介紹義大利的 Franciacorta 時，我會說這是「義大利香檳」喔！目的無它，就是讓現場與會嘉賓可以簡單地知道這是來自義大利的氣泡酒。當然現場難免就會有人吐槽說「義大利不可能有香檳啦！只有法國香檳區的氣泡酒才能叫做香檳！」

我會幫他鼓鼓掌，舉起大拇指稱讚他說「你好有 sense 喔！長得又帥，根本就是台灣劉德華。」聽到這樣的恭維，說話的人也不會窮追猛打地糾正了！「既然你可以當台灣劉德華、他可以當三重謝霆鋒或是士林蔡依林，那為什麼這支酒不能叫做義大利香檳呢？」

會這樣的稱呼無非是讓聽者可以更容易瞭解這個人的居住地跟模樣，至少我們不會形容朋友是「台南范仲淹」或是「蘭嶼完顏阿骨打」，因為誰知道他們長什麼樣子？可能根本連他們是何方神聖都不知道吧！所以能被當作指標人物也算是一種殊榮，而香檳也是因為知名度夠高，在普羅大眾的認知上，就是「有氣泡有酒精的」就可以叫做香檳。

話是這麼說，但是當我說這是義大利香檳時，我還是會先問問在場有沒有法國香檳同業公會（CIVC）的人員，免得明知故犯吃上官司。不過話說回來，對於我們這些香檳愛好者，當然要知道香檳跟氣泡酒的不同，CIVC 對於在香檳酒標上是否能印上「香檳」有明確的規範。像是我們知道必須來自香檳這個法定產區，還須符合限定的葡萄品種，以及葡萄園的種植、生產流程（像是瓶中二次發酵）、陳年時間等規範。就像是香檳生物動力法的先驅 Pascal Leclerc-Briant 說的：

「為什麼只有香檳區釀造的才能叫香檳？首先，我們有非常惡劣的天氣。第二，我們有 3 個主要的葡萄品種與白堊土，以及諸多事物。第三，我們有 330 頁的法規。」

19 世紀到 20 世紀，因為香檳的高知名度以及市場影響力，讓全世界的氣泡酒酒廠紛紛模仿。不只是模仿生產方式，也模仿在酒標上大大地印上「香檳」，只要有這個字眼在消費市場就輕易獲得青睞。但卻因為這樣，市場上買到的香檳，可能是來自法國香檳區的香檳，也可能是美國或是澳洲的「香檳」，所謂的「香檳」品質變得參差不齊。所以香檳這一個字眼在 1891 年的《馬德里協定》（Madrid Agreement）受到保護，只有在法國原產地命名控制（Appellation d'origine contrôlée，

上：一出埃佩爾奈車站可以看到的路標，指往香檳大道的方向。

下：在埃佩爾奈抬頭可以看到的熱氣球一景。

在埃佩爾奈路上可以看到的香檳區介紹。

縮寫：AOC）的法規產區及符合相關標準的葡萄酒才可使用「香檳」
一詞。

但儘管如此，在 20 世紀上半葉，香檳一詞還是被廣泛地濫用。1958 年
《里斯本條約》（Lisbon Agreement）再次重申保護原產地名稱以及其
國際註冊的公信力，甚至在同年，香檳聯盟打了一場載入史冊的官司。
12 家香檳廠商聯合起來控告西班牙氣泡酒，最後由香檳的聯盟獲勝，
西班牙的氣泡酒就變成今日熟悉的「Cava」。

不只是氣泡酒，時尚精品 YSL（Yves Saint Laurent）於 1983 年推出一款
名叫「香檳」的香水，法國香檳同業公會向巴黎法院提出侵佔商標權，
最終勝訴讓 YSL 下架所有相關產品。香水與香檳明明是截然不同的兩
種產品，一個是拿來喝的一個是拿來擦的，為什麼香水也不能用香檳
這個詞呢？或許答案正如判決書所提到「YSL 希望藉由香檳產區的知名
度來創造吸引力的效果，這是一種寄生的商業模式，會影響只有香檳
區的酒農與酒商才能利用該名稱的名譽。」

法國香檳同業公會不只是對於不同的產品提告，連對鄰國瑞士西
北邊的一個小鎮也橫加干預，只因為這個靠近納沙泰爾湖（Lake of
Neuchatel）的小鎮名字就叫做香檳（champagne），好巧不巧這個地方
也有生產葡萄酒（早在 1657 年就有文獻紀錄這裡已經開始種植與生產
葡萄酒）。但是在法國香檳同業公會的抗議下，這個小鎮所生產的葡
萄酒就不能以小鎮的名字命名，這就好像古時候皇帝避其名諱的概念，
所以唐玄宗在康熙年間開始被稱做唐明皇，只因為康熙皇帝的名字叫
做「玄燁」。而這個無辜的瑞士小鎮，從 2004 年之後生產的葡萄酒就

不能冠上自家城鎮「香檳」的字眼，改變之後銷售量立即跌了將近7成，可見香檳這個字的影響力。

爲什麼瑞士會對歐盟這個要求讓步妥協呢？因爲這樣瑞士航空的飛機才能在歐盟的城市起降，而交易籌碼就是這個小鎮的葡萄酒命名權。2008年開始這個香檳小鎮的居民持續抗議要恢復舊有的名稱，是否能成功，我們就繼續看下去。對了！法國有個生產干邑的地方也叫做香檳，是可以合理把香檳放在酒標上的，因爲法國航空本來就可以合理在歐盟的城市起降囉！

還有一個不在法國境內的例外，就是美國加州的氣泡酒廠。美國加州有幾家在2006年之前就已經把香檳字樣印在酒標上的生產者，仍然被允許可以繼續使用香檳的字樣，不過需要在前面加上產區名稱讓消費者辨別，像是在加州生產的香檳就要印上加州香檳（California Champagne）。爲什麼有這樣的例外，我猜應該是不敢不讓美國飛機降落在法國機場吧！

如果你下次品酒會遇到我，不要問我是不是所有的氣泡酒我都不介意大家叫它爲香檳？我也是有我的底線的，像是啤酒（有氣泡有酒精）如果你在我面前稱他爲香檳，那我一定會義正嚴詞地糾正你了。

只有在法國原產地命名控制
（Appellation d'origine contrôlée，縮寫：AOC）
的法規產區及符合相關標準的葡萄酒
才可使用「香檳」一詞。

微 醺 時 光
Laurent Perrier Grand Siècle N°24

Laurent Perrier的旗艦款Grand Siècle是在1960年9月9號正式釋出。為什麼1960年呢？因為是法王路易十四的結婚3百週年，那這瓶酒跟法王路易十四又有什麼關係呢？

因為香檳名稱「Grand Siècle」意指偉大年代，就是指法國文治武功的極鼎盛時期，也是太陽王的那個年代！在這後疫情、國際、經濟都不明朗的年代，喝著「偉大年代」香檳，頗有一番安定心神的作用。

Grand Siècle風格上是屬於比較清新口感的，因為是使用不鏽鋼槽進行發酵。不說你不知道，Laurent Perrier是第一家在1960年代率先使用不鏽鋼槽的酒廠。因為酒廠是以保存葡萄酒的新鮮與活力為釀造理念，同時允許乳酸發酵自然進行，來平衡夏多內的高酸度。

不同於其他香檳廠會用年分香檳當作旗艦款，Grand Siècle雖是Laurent Perrier的旗艦款但並不是年分香檳，而是混合3個年分以上的酒液，並且所有的葡萄都是來自特級園（Grand Cru），葡萄品種比例大約50：50的夏多內以及黑皮諾，但夏多內一般來說會佔多數。香檳會至少陳年7年之久才上市，而每一瓶Grand Siècle都是手工除渣，因為這樣可以確保每一瓶香檳的裝瓶品質！

什麼是N°24？Grand Siècle每個酒款釋出時都有它獨特的數字，65年來僅有24個酒款上市，N°24就是第24個出廠的旗艦Grand Siècle。

類型　NM
村莊　Tours sur Marne, Vallée de la Marne
價位　中價
適合場景　當對未來不明確，需要追憶過往美好的時候

15

香檳的甜度有分級，
那應該喝多甜？

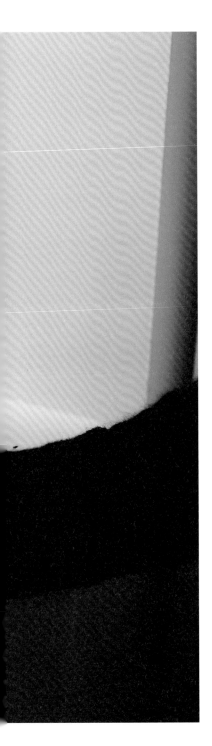

「老闆，我要一杯珍奶！」「你的珍奶要全糖、少糖、半糖、微糖、還是無糖？」記得數十年前第一次聽到這樣的問句時，感覺突然一陣烏鴉飛過，突然懷疑起自己的國文能力。偏偏我是念數理的，沒有量化的分級我聽不太懂，所以反問了店員一句：「請問這些分級的含糖量各是多少，或是所佔比例為何呢？」我想店員的頭頂應該是烏鴉成群了吧！

我也記得有一次在英國喝下午茶時點香檳，服務人員問我：「你的香檳想喝 Demi-Sec？還是 Doux？」

等等，聽不懂，Demi-Sec 跟 Doux 是什麼意思呢？這些術語指的是香檳喝起來的甜度，或是精確地說，指的是香檳的含糖量，Demi-Sec 指的是每公升含糖量 32～50 公克，而 Doux 則是每公升含糖量 50 公克以上。那喝起來有多甜？以 Doux 的最基本 50g/l 來說，就是有 5% 的含糖量，這完全可以媲美珍珠奶茶的全糖含量了！

我們平常喝到的香檳，大部分都是標示著 Brut，也就是含糖量 0～12g/l，喝起來不會有明顯甜味，所以可以品嚐到香檳的天然風味。回到最初的問題，你有喝過 Demi-Sec 或是 Doux 的香檳嗎？

你心裡一定想，那種甜死人不償命的東西，有誰會喝啊！你知道嗎？當香檳在歐洲開始流行的時候，大家就是喝這麼甜的香檳，還不只是每公升含糖量 50 公克而已喔，讓我們來瞧瞧古人到底是多嗜糖如命。

以歐陸國家像是香檳產地的法國，或是像鄰近的德國、奧地利，當時對於香檳甜度的要求是 16 ～ 18%，也就是每公升的含糖量是 160 ～ 180 公克。以一瓶 750 毫升的香檳來說，含糖量就是 120 ～ 135 公克，一杯香檳以 75 毫升計算的話，就是一杯含糖量是 12 ～ 13.5 公克。如果以世界衛生組織（WHO）建議糖的攝取量為總熱量的 10% 以下，而理想值是低於總熱量的 5% 來看的話，每天的糖分攝取量就是不能超過 45 公克，理想值是低於 23 公克（以每日建議熱量 1800 大卡來計算），所以當時的香檳只要喝超過兩杯就超過理想值，而喝 4 杯糖分就爆表了！

相對於歐陸，英國人喝的就相對比較干型^{註 1}，大約是 2 ～ 6%，也就是每公升含糖量約 20 ～ 60 公克，這應該是當時喝最為不甜香檳的國家了吧！這可能跟當時日不落帝國擁有許多產糖的殖民地有關，平常飲食已經可以吃到不少糖分，就不用苛求要喝超級甜的香檳了。如果英國是喝最干型香檳的國家，那我們猜猜看哪一個國家喝得最甜呢？

答案可以往寒冷的國家去猜，天氣越冷對糖的渴望會越強烈，而且該國沒有熱帶產糖的殖民地可以提供糖分的需求，所以對糖分會瘋狂的渴望。答案呼之欲出了，沒錯！就是俄羅斯。當時送往俄羅斯的香檳都被要求至少要含糖 27 ～ 33%，就是每公升含糖量 270 ～ 330 公克（當時的俄羅斯皇族應該都有糖尿病吧！）以一瓶 750 毫升的香檳來說，

香檳的甜度有分級，那應該喝多甜？

含糖量將近都是 240 公克，要代謝如此高的糖分，看來也只有生活在酷寒的戰鬥民族辦得到了！

很難想像為何當時的人會喝這麼甜，或許因為在那個年代糖的取得相對比較珍貴，而吃糖又是人類與生俱來的嗜好，其實看看咱們台灣的台南菜就可窺知一二[註2]。而這麼甜的香檳，在當時的時空背景下，其實都是用來佐甜點的酒，一般都是在主餐之後，甜點之前上桌，就像今日的貴腐酒或是波特酒的角色，這樣聽起來，似乎也不那麼難以理解了！

點香檳比點珍奶容易得多，香檳選完甜度就行了，不像點珍奶選完甜度之後，店員還會問你：「請問你要全冰、少冰、微冰，還是去冰？」[註3]

註1：所謂的干型葡萄酒指的是那些發酵「幾乎」完全的葡萄酒，「幾乎」沒有留下什麼殘糖，這邊會用幾乎是因為可能還是會有微量的糖殘存。中文的干型，就是英文的 Dry，法文的 Sec。

註2：當時糖價很貴，只有富貴人家吃得起，所以能把糖加到日常鹹食料理裡面，也算是一種低調而內斂的炫富了吧！

註3：香檳飲用時不用加冰塊，飲用時溫度請控制在 8 ～ 12℃。

以 Doux 的最基本 50g/l 來說，就是有 5% 的含糖量，
這完全可以媲美珍珠奶茶的全糖含量了！

微 醺 時 光
Veuve Clicquot Ponsardin Demi-Sec NV

一個酒莊名稱道出了創辦人的身分（Veuve），夫家的姓氏（Clicquot）與娘家的姓氏（Ponsardin），應該算是前無古人後無來者了吧！這就是香檳最具名聲、最有歷史的凱歌夫人香檳（Veuve Clicquot Ponsardin，簡稱VCP）。

凱歌夫人也被譽為「香檳貴婦」（Grande Dame of Champagne），因為她與當時酒窖總管（Antoine Muller）發明了A字型的轉瓶架，改善了當時令各個香檳酒廠們都苦惱已久的除渣問題，讓今日的我們可以喝到純淨清澈的香檳。而且她還無私地將這樣的方法公開給同業，讓整個香檳的品質往前推進了一大步，也將凱歌香檳推至顛峰。別忘了，她是以一位寡婦的身分完成這些成就，而且是發生在女性權利還沒有抬頭的年代，更不用提她還經歷過拿破崙戰爭那段艱辛的歲月。

這款香檳算是偏甜的香檳，其實好幾年沒喝過Brut以上甜度的香檳了。2022年酩悅軒尼詩辦了香檳學院的活動，因為自身講師的關係喝到這一支Demi-Sec香檳，還配上了一些可口的輕甜食，讓我突然有一種放縱的感覺，像是小時候瞞著媽媽偷吃糖那樣。畢竟甜感是可以滿足味蕾最原始的慾望，而Demi-Sec的香檳那純淨中帶有甜美的誘惑，搭配上令人有幸福感的甜食，是一種恣意妄為的小確幸呢！

類型　NM
村莊　Reims
價位　平價
適合場景　想要放縱大吃甜點的時後

Veuve Clicquot Ponsardin Demi-Sec NV

16

香檳這地方是
既浪漫又夢幻的仙境嗎？

喝著滿天星空泡泡的香檳，遙想香檳的漢斯大教堂與中古世紀的建築，感覺就是非常夢幻而且浪漫的仙境，想像當地的人們自古以來生活在這與世無爭的土地，早晨睡醒就用香檳漱口，用餐一定要配幾支香檳，晚上泡澡時也用香檳（就像瑪麗蓮夢露一樣）。但是當你沉浸在這美好的夢境中時，我必須潑你一桶冷水（沒有泡泡沒有酒精的那種），其實自古以來生活在香檳這個產區的人們，是相當辛勞而且悲情的。

翻開地圖，你會看到香檳是位在巴黎往東約 150 公里處，更重要的是香檳剛好處在巴黎通往德國（普魯士）的必經路上。所以在法國拿破崙的輝煌年代，香檳區的人們會驕傲地看到拿破崙帶著大軍征討波蘭或是遠征俄羅斯，但是在動盪不安的年代，香檳就會成為兵家必爭之地，偏偏歷史上大部分的時間都是動盪不安的。從 14 世紀的英法百年戰爭，17 世紀的三十年戰爭，香檳的主要城鎮，漢斯和埃佩爾奈（Epernay）先後數次被攻擊摧毀。基本上只要法蘭斯大大小小的戰事，香檳都沒能倖免，一直到上個世紀的第一次世界大戰，香檳區更是受到鋪天蓋地的摧毀。

香檳區在第一次世界大戰期間，發生了有名的第一次馬恩河戰役（première bataille de la Marne，

上：早期洞穴的出入口或通風口，今日可以感受從地窖以井觀天。

下：通往 Pol Roger 香檳地窖的階梯。

也稱爲馬恩河奇蹟），在馬恩河谷逼退了德軍進逼巴黎的威脅，卻也讓香檳區遭受長達 4 年半的塹壕戰。英法聯軍與德軍就在香檳區形成拉鋸戰，在長達 4 年多期間雙方士兵在壕溝的攻防拉鋸戰中都未能推進超過百米，可見戰事之激烈，據估計雙方當時少說有 50 萬名士兵死於壕溝的攻防戰。

而離塹壕戰最近的香檳大城漢斯，多次遭到轟炸攻擊。從官方資料中可以看到，在第一次世界大戰發生前，漢斯有 13,806 棟房子，而在 1918 年戰爭結束時，只剩 17 棟依然屹立，有 5,164 棟建築部分摧毀，而多達 8,625 棟建築則是整個被夷爲平地。

如果建築物被轟炸地如此厲害，那當地居民怎麼辦呢？好險香檳區得天獨厚，當地土壤以白堊土（石灰岩的一種）著稱，遠從羅馬高盧時代就開始有的白堊岩礦。憑藉著羅馬人當時先進的開採技術，已經可以深入地底達到 70 公尺，深深淺淺、縱縱貫貫，串起了香檳區的地底世界，香檳當地的人還會戲稱這是香檳的「地下漢斯大教堂」。據考古統計，除了登記在案的 3,000 多處礦坑和 100 多公里的地下長廊，可能還有 100 公里長的礦址目前還尚未被發現。

這些白堊礦坑在戰火期間扮演了重要的防空洞的角色，保護當地居民免於被轟炸。但其實這些地底空間，長年可以保持恆溫恆濕，早就被聰明的香檳酒莊當作天然酒窖（Craveres）使用。如果下次有機會拜訪香檳區，不妨參觀一下 Pommery 的地下酒窖，因爲那邊不只是地下酒窖，還是地底藝術陳列館，不過走起來有點辛苦就是了，因爲從酒窖空間走回一樓一共有 160 個台階。

你心中可能會問，第一次世界大戰香檳區就受創如此嚴重，那規模更大、耗時更長、武器破壞性更強的第二次世界大戰期間，香檳區豈不是更慘？答案是二次世界大戰期間，香檳的確被喝掉更多，或是搶走更多，但建築物倒沒怎麼被破壞。原因無他，因為當時法國政府早早就投降納粹，所以德軍可以耀武揚威地走進香檳區，而不是在煙硝瀰漫的砲轟下佔領香檳區，所以保留了香檳的葡萄園與建築。對於香檳人而言，會不會有那麼一瞬間覺得投降的決策也沒那麼可恥了！

在第一次世界大戰發生前，漢斯有 13,806 棟房子，
而在 1918 年戰爭結束時，只剩 17 棟依然屹立，
有 5,164 棟建築部分摧毀，
而多達 8,625 棟建築則是整個被夷為平地。

Perrier-Jouët 的地窖裝置藝術「Lost Time」。

微 醺 時 光
Perrier-Jouët Belle Époque Brut 2004

不知該不該這麼說，我對於Perrier-Jouët的印象，視覺記憶比嗅覺、味覺記憶來得深刻得多。

Perrier-Jouët的香檳廠充滿了藝術氣息，不論是地窖裡的Lost Time（透過水平如鏡反射出天花板垂下的線狀物）表現的水波㶅㶅，或是由Perrier-Jouët的經典香檳Belle Époque（花漾年華）瓶身上的銀蓮花蔓藤圖案衍伸出來的其他藝術物，都會令人看得目不暇給。

而Belle Époque這個圖騰的設計也是有一段令人回味的歷史，1902年Perrier-Jouët酒莊邀請當代頗具盛名的藝術家埃米爾‧加萊（Emile Galle）設計了一款可以表徵20世紀初那個美好年代的酒標。因為20世紀初，法國正處於「新藝術」的時期，整個時代人們崇尚著美麗奢華、愉悅歡欣，空氣中都瀰漫了藝術與高雅的氣息，那是一段法國令人永遠銘記的美好歲月。

但是這件作品卻因為接下來紛紛擾擾的國際局勢一直被遺忘在酒窖的深處，直到1969年才在世人的面前展現他那半個世紀前的絢麗，令各界讚嘆不已。

在很多的精品或是女性較多的品酒會上，我喜歡把Belle Époque當作開場香檳，因為它的美會震撼全場，而他的名字「巴黎之花之花漾年華」更令所有美女為之傾倒。很多人會問我為什麼Perrier-Jouët 會翻作巴黎之花，我只能說酒商保樂力加（Pernod Ricard）的行銷很有兩把刷子，因為Perrier-Jouët就只是創辦人夫妻各自的姓氏而已。

類型　NM
村莊　Epernay
價位　中價
適合場景　想要跟晚輩誇耀自己過往的豐功偉業時

Perrier-Jouët Belle Époque Brut 2004

17

你知道香檳有個更精彩的
地下世界嗎？

你知道嗎？當你走在漢斯（Reims）的街道上，你正下方的岩層可能已經被挖空，但別擔心，因為這樣的情況已經有數百年了，從來沒有發生過地層坍塌的事情。

在整個香檳產區，有著一個不可思議的地下世界，超過 250 公里的長度（在埃佩爾奈〔Epernay〕香檳大道〔L'Avenue de Champagne〕的地底下就有 100 公里長的地窖），崎嶇蜿蜒地構築了一個白色的地底王國。

這樣一個龐大地底世界的形成，並不像埃及金字塔帶有神秘的色彩，而是有清楚的歷史考據。漢斯在早期被叫做 Durocortorum，當凱薩大帝征服這片土地之後，把 Durocortorum 定為高盧的第二首都，也因此人口漸漸蓬勃起來。緊接而來的是需要建城牆、居所、道路等，而那時候羅馬人發現腳底下的白堊岩礦石很適合做為建築石料，白堊岩的採挖工程因此興起。

為了得到品質較好的建築原料，人們開始往越地底的深處開採，從羅馬時期一直到 19 世紀水泥被廣泛使用，白堊岩被當作建築材料使用了將近 2 千年。而在這 2 千年的時間裡，因為持續開採礦石的緣故，讓整個香檳區出現了一個絕無僅有的地底世界。

這個地底世界平均深度大約 20 多公尺，有些礦洞首尾相接，形成一個複雜的迷宮。而這個迷宮有著儲存香檳的最好條件，終年的溫度都維持在 10 度左右，濕度大約都在 85% 上下，遠離日照，讓香檳有最好的陳年環境。如果有機會拜訪香檳廠，千萬不要錯過一探白堊岩地窖的

Lanson 香檳廠地窖裡的 Virgin Mary 雕像。

機會，親身感受在歐洲熱浪來襲時，酒窖依舊是如此冷涼（記得帶件外套，不是開玩笑的）；而在冬天外面大雪紛飛時，地窖反倒有種溫暖的感覺。別忘了，參觀地窖時要緊跟著酒廠導覽人員，因為地窖就像一座大迷宮，如果迷路了，可能只能偷喝酒廠的陳年香檳解渴了！

許多的香檳廠將地窖打造得像藝術廳或是遊樂園，像是 Pierre Jouet 的地窖佈置的像是異次元空間，而 Mecier 的地窖裡面甚至還有探險小火車（沒有俯衝的那種），而像 Pommery 的地窖就有香檳界的迪士尼之稱，還有很多現代藝術的作品，讓冰冷的地窖多了活潑與藝術氣息。

香檳的地窖聽起來似乎是個好地方，有沒有萌生一股想住在這裡的念頭？其實早在數百年前，一直到 20 世紀初，有許多人長期居住在洞穴地窖之中，但是他們居住在這地底世界，並不是為了貪圖終年的恆溫恆濕，也不是為了可以方便喝香檳，他們之所以長期居住在地底，是避免政治與宗教迫害。

從中古世紀，由於生活的艱辛、政治引起的暴亂動盪或是宗教的迫害，早有一群人移居在地底世界，因為幽暗的環境與複雜的迷宮，反倒給予困苦的人們一種安全感與歸屬感。而在第一次世界大戰時，德法兩國的砲火就在香檳區蔓延了 4 年，從 1914 年到 1918 年間漢斯就遭受超過 1,100 天的砲轟，香檳廠紛紛打開地窖大門，提供附近居民一個免受轟炸的安全庇護所。

在參觀酒窖的時候，酒莊導覽員一定會介紹牆上被刻畫出的一些字句，因為當時的人們用這些的留言方式互相鼓舞，或在牆上作畫描繪當時

Pommery 香檳廠地窖的裝置藝術。

的情況，當然也有一些德文字句，因為有些地窖也被用來監禁德國戰俘。其實不只是監獄，當時這個地底世界非常完整，像是 Krug 酒窖裡面還設有學校，用運輸的木箱充當課桌椅；而 VCP 酒窖裡面設有劇場，讓人們在烽火連天的戰爭期間還可以苦中作樂一番；很多地方也可以看到牆上的紅字十字，也就是當時照護所或醫院的所在位置，而海拔相對較高的聖尼凱斯山丘地區（la colline de Saint Nicaise）則被當作戰略指揮所。

地窖裡面當然也有歡樂的事情啦！像是在 1798 年，蘭斯市（Reims）市長的千金芭布・妮可・彭莎登（Barbe Nicole Ponsardin）與同年剛接手凱歌香檳（Veuve Clicquot）的莊主弗朗索瓦・凱歌（François Clicquot）就是在酒窖舉辦婚禮，而這位市長千金就是未來赫赫有名的凱歌夫人，也是香檳史上的首位女莊主。

{
白堊岩被當作建築材料使用了將近 2 千年。
而在這 2 千年的時間裡，因為持續開探礦石的緣故，
讓整個香檳區出現了一個絕無僅有的地底世界。
}

Pommery 香檳廠地窖的裝置藝術。

微 醺 時 光
Taittinger Comtes de Champagne Blanc de Blancs Brut 2002

Taittinger這款白中白香檳與Krug Clos de Mesnil、Salon在香檳區並稱三大白中白（Blanc de Blancs），而這一款白中白也是Taittinger的頂級年分香檳。

Taittinger把這款旗艦香檳命名為Comtes de Champagne的原因，是因為Taittinger座落的香檳廠所在地，是有「香檳伯爵」之稱的香檳區行政總督（Comtes de Champagne）的府邸。不同於一般香檳廠的建築物，進入Taittinger的接待處有一種溫馨而氣派的感覺，宅地的後面還連接一整塊私人草坪與花園，很適合在午間的陽光下享受下午的香檳時光。這款酒為了紀念它的歷史意義，酒瓶依舊沿用舊時的香檳瓶身，而且在酒瓶頸部的錫封上也用了12世紀當時總督蒂博四世（Thibaud XIV）的騎馬肖像來做為標示。

這款白中白香檳挑選來自白丘區各個特級園的夏多內葡萄，讓它表現出更多層次以及複雜的個性，而且會將榨汁後少部分的葡萄液放入新橡木桶中陳年數個月，讓酒液吸收微量淡雅的橡木桶香氣，讓這款香檳綻放出優雅花朵般的香氣之餘，仍可以感受到輕柔的茶葉與煙草氣息，令舌尖感覺到與眾不同的深度與沉穩。

特別說一下，漢斯市區有5家香檳酒莊保有羅馬時期的白堊地窖，這上百公里的地窖彼此相連相通，直到近代才被分隔開來，而Taittinger正是其中一家。（其他4家分別為Veuve Clicquot、Ruinart、Charles Heidsieck與Pommery。）

類型　NM
村莊　Reims
價位　高價
適合場景　看法國贏得世足賽時喝的香檳（三度獲選為世界
　　　　　盃足球賽官方指定香檳！）

Taittinger Comtes de Champagne Blanc de Blancs Brut 2002

18

在香檳買一塊葡萄園釀香檳
多久可以回本？

曾經在香檳品酒會之後跟一位活力充沛的大老闆聊天，他興致勃勃地跟我說：「我差不多明年要退休了，我比較閒不下來，又很嚮往田園生活，想在香檳區買一塊地，自己種葡萄然後自己釀造，你知道大概多久可以回本嗎？」

這樣的問題很弔詭，閒不下來又嚮往田園生活，想要享受退休生活卻在計算投資報酬率，而且老實說，這個問題真的也難倒我了，我只想回答他「你喜歡喝牛奶，其實不需要自己養一頭牛，或是自己開牧場！」。不過聽說他財力雄厚，說不定哪天他真的買了葡萄園跟酒莊，說不定我也有機會到香檳當個酒窖總管，所以我便耐住性子坐下來跟他認真討論：每公頃的土地地價多少？每公頃的產量可以多少？然後多少時間可以回本？

香檳區一公頃的土地平均大約 100 萬歐，如果是有名的白丘區（Côte des Blancs）的地價更是飆破每公頃 160 萬歐，甚至這幾年還有上漲的趨勢。心裡想說這樣的數字會不會令他打了退堂鼓，正想跟他說南法葡萄園的話可能一公頃才一兩萬歐，而且陽光充足，離沙灘也近，比較適合養老。沒想到他回答：「一公頃的土地差不多就是台北市一間三房大的房子嘛！」感覺他可以隨手賣掉台北市的幾間房子然後買個幾公頃的土地，所以

我們就繼續討論每公頃的產量可以多少？

香檳區每公頃的產量大約在 10,000 公斤，10,000 公斤包含了葡萄汁、葡萄皮、葡萄籽與梗蒂的重量，且並非全部都能拿來釀造香檳[註]，能夠釀造香檳的比例大約是 6 成也就是 6,000 公斤，不考慮其他自然耗損的情況來計算的話，6,000/0.75（標準瓶的內含量是 750 毫升）= 8,000，就算可以生產 8000 支標準瓶好了，我們把設備、人事、行銷、稅金以及其他費用支出攤平來計算，每支先抓淨賺個 8 歐就好，那就是 64,000 歐，以買每公頃 160 萬歐的土地來算，至少要 25 年以上才能回本。

「一瓶才淨賺 8 歐是不是太少？」大老闆有點不屑地問。對於一個新創立的酒莊，新釀出來的香檳能不能賣出去還是個問題呢！如果那麼在意利潤，乾脆別買葡萄園了，直接買一個有商譽的酒莊還比較直接。

「有可能把單位產量增加嗎？」大老闆看來是以做生意的方式來投資，不是以退休過悠閒生活的方式在盤算，看來就算如果當他的酒窖總管也不會太輕鬆，我也就不再以面對未來老闆的口吻恭敬的講話了，直接就事論事分析給他聽。

既然你的專業是工廠的生產線，那一定知道如何讓產線效率最佳化，而在效率最佳化的同時也要兼顧品質。

說穿了，葡萄園的產量也是這樣，葡萄農也希望生產產量最大化，因為葡萄是論斤計算的，但是對於釀酒師而言，在意的是葡萄的品質，

所以雙方會達到一個平衡。

所以每年夏天中旬，葡萄農、酒商、合作社們會聚在一起開會，討論的就是今年每公頃的產出（rendement d'appellation Champagne）多少？

影響這個決定的因素有二。一個是找到品質與產量的平衡點，另一個是目前市場的需求與價格。

關於第一點，品質與產量的平衡，一個衍伸的問題是為什麼產量會影響到品質呢？

土地與葡萄樹畢竟不像生產線，可以予取予求地生產。每一塊土地，所擁有的養分與水分是有限的，當有越多的葡萄串時，就代表每串葡萄會分到較少的養分，這道理就像是當你有越少的兄弟姐妹時，你就會獲得越少的資源與關愛，畢竟父母能給的就那麼多，相同地，土地能給的也是有限的。所以在葡萄園的管理上，也會以綠色採收（Green Harvest）來減少產量，以求控制葡萄的品質。

而第二點，就是經濟學最基本的供需平衡，如果這兩年香檳賣得好，則產量會往上增加，反之則會往下修正。畢竟產量過剩則會價錢下跌是天經地義的事，看看這幾年我們台灣的橘子、香蕉、鳳梨就大概可以瞭解其中的關係了！

像是這幾年香檳區的產量都是落在 10,000kg/ha 到 11,000kg/ha 之間：

2017 10,800 kg/ha

2018 10,800 kg/ha

2019 10,200 kg/ha

2020 8,000 kg/ha

為什麼 2020 年的數字掉這麼多？我不用說你也猜得到，對！就是因為名留千古的 Covid 19！

說到這，你可能會想到另外一個問題，就是每公頃的葡萄園裡，要有幾棵葡萄樹才能有這樣的產量？我們可以把問題簡化一點，就是香檳產區一公頃平均有幾棵葡萄樹？

說答案之前，我們先來說說香檳產區的葡萄樹種植規定：

○ 葡萄樹與葡萄樹之間的間距為 0.9-1.5 公尺
○ 每列葡萄樹之間的行間距為 1.5 公尺

所以這樣算下來，香檳產區每公頃大約種植有 8,000 棵的葡萄樹。

香檳產區的種植密度算是不低的了，因為透過這樣的密集度，可以讓葡萄藤的根部產生競爭效應。由於周圍都是競爭者，所以葡萄藤的根只能往下生長來尋求更多的養分與水分，因此會穿透更多不同的土壤層，這正是釀酒師所樂見的。高密度種植的好處不只發生土壤層下，也發生在上方的樹葉光合作用上，讓整葉面積指數（LAI leaf area index，單位面積土地上之葉面積量）有更佳的效果。

有諸多好處，那為何不再種得更密一點，像是波爾多的一些區域，一公頃超過 10,000 株葡萄樹，或像是過往 20 世紀初香檳原本的種植密度，有多密呢？樹跟樹之間窄到連馬都走不過去，只能靠身形苗條的人們來採收跟搬運，因為每一公頃就將近有 50,000 株葡萄樹！

其實過猶不及，尤其在香檳這樣冷涼的產區，日光相對波爾多少很多，而過多的樹葉遮蔽就可能影響日照的需求。所以找到一個種植密度的平衡點，讓葡萄生長最佳化，才是對待葡萄園最好的方式。

你以為那位大老闆有聽我講到最後嗎？當然沒有，當我說到葡萄樹之間的距離之後，他已經知難而退，連一句謝謝也沒有留下，更別說酒窖總管的 offer letter 了。

註：請看 p.176〈Cuvée 到底是什麼東西？〉

找到一個種植密度的平衡點，讓葡萄生長最佳化，
才是對待葡萄園最好的方式。

微 醺 時 光

Bruno Paillard Multi Vintage Extra Brut Cuvée 72

說到Bruno Paillard，最為人津津樂道的就是創辦人Bruno把自己收藏的Jaguar Mark II老爺車賣掉，籌措了約50,000法郎（相當約7,500歐元），開始了他的創業的故事。

Bruno Paillard的葡萄園都採用合理化的種植方式，雖然也有嘗試有機和生物動力種植法，但是並沒有尋求相關認證，而是取得HVE（Haute Valeur Environnementale，高環保價值認證）最高等級的第三級，這是法國農業部對於永續農耕認證上規範最明確而嚴謹的標籤。葡萄園的管理上都杜絕使用化學除草劑，每年翻土兩次以提高土壤中的生物多樣性與活力，讓葡萄根部能夠深入地層以吸取不同的礦物質。這來自Bruno深信香檳區最大的特色就是白堊土，而葡萄樹的樹根會成為根系，像是一個地下網路可以與周遭的環境對話，簡單的說就是《阿凡達》裡的「樹聯網」概念。

這款香檳不叫NV（Non Vintage）而是叫Multi Vintage，其實NV（無年分香檳）應該正名為MV（多年分香檳）才合乎其意，因為是多個年分的混合調配。正如這一款香檳，是使用了從1985年之後25個不同年分的基酒來調配，然後經過36個月的泡渣以及72個月的歲月淬鍊，造就這一支Cuvée 72。

類型　NM
村莊　Reims
價位　平價
適合場景　觀看電影《阿凡達》的時候

19

DOM PERIGNON
1638 - 1715
CELLERIER DE L'ABBAYE D'HAUTVILLERS
DONT LE CLOITRE ET LES GRANDS VIGNOBLES
SONT LA PROPRIETE DE LA MAISON
MOËT & CHANDON

唐培里儂修士
其實不是發明香檳的人？

就像有人說特斯拉（Tesla）不是伊隆・馬斯克（Elon Musk）發明的，中華民國不是孫中山創建的，只要是值得邀功的事情，或是成名的事物，總是會有人擠破頭來搶風采。香檳，一個奢華的代名詞，一種令人迷戀的葡萄酒，當很多人說唐培里儂（Dom Perignon）發明香檳時，想當然就會有很多人說：「唐培里儂不是發明香檳的人。」

如果有時光機可以回到過去訪問唐培里儂本人，詢問他「很多人都說你不是發明那種泡泡酒（當時泡泡酒被認爲是有瑕疵的酒，也還不叫香檳）的人，你有什麼話想對他們說嗎？」

我可以想像唐培里儂會猛烈搖頭的說：「我沒有要發明那種有氣泡的酒啦，我終其一生的努力就是要把泡泡從酒中去掉啊！」他可能想一下，看一下天空會趕緊補充：「我這一生的努力都在侍奉上帝啦，閒暇的時候才會研究一下爲什麼我的酒有氣泡這種瑕疵。」沒錯，別忘了唐培里儂的正職工作是聖本篤修會的修士，有沒有認眞工作上帝可是看得到的，釀出來的酒有氣泡教宗可是會喝得到的，所以唐培里儂修士窮極一生來研究爲什麼香檳區的酒釀出來會有氣泡，以及該如何屛除葡萄酒裡的氣泡，讓皇室與教宗可以喝到正常香檳產區的葡萄酒。

唐培里儂既不是發明香檳的人，也不是第一位釀造氣泡酒的人。第一瓶的氣泡酒理應來自神來之筆，早在 4 世紀的羅馬與希臘就有文獻記載酒裡面有氣泡，或許在更早的舊約時代就有含氣泡的葡萄酒存在，只是喝到的人不會寫字記載，或是喝醉了忘記記載下來都有可能。

沒人特意釀造爲什麼會產生有氣泡的酒呢？其實氣泡的產生是因爲酵

母發酵，發酵過程會將葡萄汁裡面的糖分轉變成酒精跟二氧化碳。而當發酵到一半冬天來臨，氣溫下降，酵母會進入冬眠情況，也就是停止發酵，停止發酵時不會產生二氧化碳，當時的人們誤以為發酵已完成，然後裝瓶密封（浸了油的麻布封口）起來。等到來年的春天溫度回溫時，酵母從冬眠的狀況甦醒恢復工作，會將裝瓶的葡萄酒裡面的殘糖再次發酵，而這時候產生的二氧化碳無法溢出，就會溶入液體裡面變成了氣泡。

如果你是有上過香檳釀造課的人，會發現怎麼沒有添糖的步驟呢？沒錯，古代氣泡酒與香檳的差別，主要是在一次發酵與二次發酵。香檳都是用所謂的二次發酵釀製，而在南法或是一些產區會看到一些氣泡酒標榜著「遵古制法氣泡酒」（Méthode Ancestrale），用的就是一次發酵釀造法了。

那如果香檳不是唐培里儂發明的，那為什麼他那麼有名呢？

在行銷學上來說，每一系列的產品都需要有領頭羊的宣傳與造神的傳說。領頭羊的宣傳也不是 Moet & Chandon 獨有的，就像是每家香檳廠都會有 Prestige 頂級香檳一樣，像是 Louis Roederer 有 Cristal、Pol Roger 有 Sir Winston Churchill、Laurent Perrier 有 Les Reserves Grand Siecle、Perrier Jouet 有 Belle Epoque 一樣的道理。至於造神的傳說是怎麼一回事，你沒看夜店有人開香檳王／唐培里儂（Dom Perignon）時（尤其夜光瓶），那歡呼尖叫聲，我還以為是周杰倫或是女神卡卡（Lady Gaga）來現場。等聽清楚名字時，原來那些迷妹們是在呼喊著一位虔誠修士的名字，這不是造神什麼是造神呢？

唐貝里儂修士所在的修道院 Abbaye d'Hautvillers。

> 香檳都是用所謂的二次發酵釀製，
> 而在南法或是一些產區會看到一些氣泡酒標榜著
> 「遵古制法氣泡酒」（Méthode Ancestrale），
> 用的就是一次發酵釀造法了。

這麼一個受女生歡迎的男人一定大有成就，那我們就來說說這位修士對於後世葡萄酒的貢獻吧！

1. 用紅葡萄釀造出白葡萄酒（像是黑中白香檳）。

2. 採收時用小型收穫籃以避免壓碎葡萄。

3. 在一天中較冷涼的時刻採收葡萄。

4. 修剪葡萄枝來提高葡萄的品質。

5. 分多次採收來摘取較成熟的健康葡萄。

上述幾點就是唐培里儂的繼承人弗里爾‧皮埃爾（Frere Pierre）於 1724 年發表的論文中，提到他的導師唐培里儂所完成的成就，最重要的是，他並沒有提到唐培里儂發明了香檳。但是為什麼後來的人會認為唐培里儂是發明香檳的人呢？有可能是修道院的繼承者唐‧魯薩德（Dom Roussard）在 1821 年介紹了修道院的一些重要事蹟，以及唐培里儂的豐功偉業，其中就包括唐培里儂發明了香檳。

唐培里儂到底有沒有發明香檳，還是有其他人發明香檳？我們可以反過來思考一下，你手中正在喝的香檳那麼好喝，你有沒有關注過這瓶香檳的釀酒師是誰？酒窖總管又是誰？那也就別鑽牛角尖了，好好享受眼前的香檳才是真理啊！

微醺時光
Dom Pérignon P2 Brut 1990

Dom Pérignon Oenothèqueh曾經是Dom的頂級之作，會說「曾經」是因為Oenothèqueh已不再生產。而接續Oenothèqueh地位的，就是我們聽到香檳王的頂級工藝之作：P1，P2，P3。

所謂的P代表的是Plenitudes（豐富），呈現出Dom Pérignon的發展週期。這樣的觀念是來自前任酒窖總管Richard Geoffroy，他認為Dom Pérignon香檳會有3個發展階段，就像波浪一般會有高低起伏。在一段時間的窖藏陳年後，會進入波段的高峰，也就是一個絕佳適飲期，但當錯過這個時間點，Dom Pérignon會再度進入下一階段的發展熟成，在經過更長時間的陳年發展，才會到達下一個波段的高峰。第一次的高峰期（適飲期）會出現在帶渣陳年的7～9年之間（P1釋出），之後是12～15年（P2釋出），最後階段是20～30年（P3釋出）。

以Dom Pérignon P2來說，香檳與酵母共眠的時間長達12～16年，之前喝到1990 P2時可以感受到彷彿剛出爐的烤比司吉香氣，真的令人回味再三。當天也喝了Dom Pérignon P3，為什麼推薦P2而不是P3呢？因為對我來說，P3的酵母味道的確驚世駭俗，但花果香氣已蕩然無存，說徐娘半老風韻猶存是恭維，說佳人已逝風姿倩影只成追憶或許更貼切吧！

類型 | NM
村莊 | Epernay
價位 | 高價
適合場景 | 回憶童年在麵包店前等出爐

Dom Pérignon P2 Brut 1990

20

為什麼比賽的冠軍
都要用香檳呢？

腦子中一直有個畫面，就是麥可喬登（Michael Jordan）拿到 NBA 總冠軍時，與隊友們在休息室裡面互倒著冒著泡泡的飲料，到底那是什麼飲料？那時候我還在那個不能飲酒的年紀，默默以為那應該是大瓶裝的啤酒吧（覺得會有泡泡的應該就都是啤酒的無知歲月）！

開始喝香檳之後，就會特別留意每次總冠軍隊伍噴灑的香檳品項，就像是 2016 年克里夫蘭騎士隊（Cleveland Cavaliers）奪冠時就使用了 Moet & Chandon Nectar Imperial Rose；2015 年金州勇士隊（Golden State Warriors）獲得總冠軍時則是噴灑了 Moet & Chandon Brut Imperial；2014 年聖安東尼奧馬刺隊（San Antonio Spurs）奪冠時，居然開了香檳王 Champagne Dom Perignon Vintage，不是拿來喝，是拿來像小孩子玩水槍般亂噴亂撒。而早先邁阿密熱火隊（Miami Heat）則聽說還用了夜光標的香檳王 Champagne Dom Perignon Luminous Collection Millesime Brut 來揮霍。

不過為什麼奪得冠軍的人們慶功都要用香檳呢？之前我其實沒有真正想過這個問題，直到有一次與法國友人聊天，他說了法文的冠軍（Champion），而我誤聽為香檳（Champagne），才驚覺原來冠軍跟香檳的法語發音居然如此相近。法國朋友也才驚覺地說「啊，你不知道嗎？這是為什麼得冠軍的人總是喜歡開香檳啊！」我心裡只能 OS：你不知道冠軍跟香檳的中文發音差的十萬八千里嗎？

對於奪冠慶功要噴灑香檳的傳統，如果追溯其根源的話，是在 1966 年法國車手約瑟夫・斯法赫（Joseph Siffert）獲得了勝利，他天外飛來一筆地搖開了一瓶香檳，「碰」的一個大聲響，加上瞬間大量的白色泡

沫噴發，讓當時的觀眾們陷入瘋狂，就這樣開啟了冠軍要「碰」一聲來開香檳慶祝的傳統。

當「碰」一聲不夠炒熱氣氛，還要有更刺激的，就是在隔年 1967 年福特（Ford）車隊在法國的利曼 24 小時耐力賽（24 Heures du Mans）成功衛冕冠軍時，丹尼爾・塞克斯頓・格尼（Daniel Sexton Gurney）不只「碰」一聲地打開香檳，還瘋狂地把激噴出來的香檳噴向頒獎台上的人們。當時媒體有一個極富創意的標題叫做「Champagne Shower」，自此打開冠軍賽車手要以「噴灑」香檳的方式來瘋狂慶祝。（如果你有看過賽道狂人（Ford v. Ferrari），或許有印象。）

不過，據說一級方程式賽車（Formula One，也叫 Formula 1 或者 F1）的獲勝者與香檳結緣可以往前推到 1950 年，當時的 F1 法國大獎賽（一級方程式錦標賽中的其中一個賽程）選擇了香檳區的漢斯做為比賽舉辦地。當時獲得冠軍的胡安・曼努埃爾・方吉奧（Juan Manuel Fangio）也被贈送一瓶三公升裝的香檳，不過不同的是，他並沒有大力搖晃香檳之後對著人群到處噴灑，而是捧著一個香檳杯，裡面裝有溫度恰好的香檳，然後很紳士地與大家舉杯同歡，很紳士地，一滴香檳可都沒有浪費喔！

不過看來還是把香檳搖晃之後拿來噴灑比較贏得人心，或許也讓那些香檳廠的老闆們看得更心花怒放吧！誰說香檳一定是要釀來喝的呢？

p.s. 當時 1998 年麥可・喬丹（Michael Jordan）用來慶功的香檳是 G.H. MUMM，是一直到前陣子看紀錄片《最後一舞》（The Last Dance）才特別注意到的。

微 醺 時 光
Moët & Chandon Impérial Brut NV

很多人會因為Moët太過商業化以及太過普及，而對它心生排斥。但別忘了，越是通俗越能引起更廣大群眾的喜愛。通俗文學像是小說是最能吸引到大量讀者，像是金庸小說，因為大多數人都耳熟能詳而最能引起共鳴，或像是流行音樂，當唱起五月天的《戀愛ing》，大家都能朗朗上口，輕輕哼上一段。

而Moët & Chandon也懂得如何抓住大眾化的味蕾，運用了近40%的皮諾莫尼耶（Pinot Munier），這是可以在年輕時就綻放迷人香味的葡萄品種，讓年輕的Moët一開瓶就好喝。青蘋果、水梨、白桃等香氣，氣味飽滿濃郁，而口感順滑細膩，用放鬆的心情就可以輕易感受到它的美妙，是一種直接而簡單的快樂，也呼喚起第一次喝到Moët的記憶，或許當時就是因為這滋味愛上香檳的吧！

因為Moët & Chandon深受拿破崙的喜愛，據說每次拿破崙從巴黎起程東征，都一定會落腳香檳區的Moët，好好喝一下Moët香檳來創造軍事布陣的靈感，所以Moët在1869年推出了這款紀念拿破崙百年生日的作品Impérial（帝國），用了百款基酒混調而成，為的就是追求百年的風味一致。

類型｜NM
村莊｜Epernay
價位｜平價
適合場景｜看金庸小說或聽五月天演唱會的時候

Moët & Chandon Impérial Brut NV

21

白中白比較好？
還是黑中白比較好？

曾經有人問我：「香檳是白中白比較好？還是黑中白比較好？」他之後有說明他為什麼這樣問，因為他遇過幾位香檳廠的莊主、釀酒師，有些跟他說白中白是香檳最頂級的經典，也有人跟他說黑中白風味更複雜才是最棒的。

我們先來說說什麼是白中白，什麼是黑中白吧！在酒標上面白中白標的是 Blanc de Blancs，而黑中白標的是 Blanc de Noirs，Blanc 在法文的意思是白，而 Noir 是黑。但你是否注意到最後一個字 Blancs 以及 Noirs 都加了 S，代表的是複數，所以正確翻譯應該翻作「眾白之白」跟「眾黑之白」，意思就是透過不同的白葡萄釀造出白色的香檳，與透過不同的黑葡萄釀造出白色的香檳，像是只使用黑皮諾（Pinot Noir）與皮諾莫尼耶（Pinot Munier）兩種黑葡萄釀造出來的香檳也可以叫做黑中白。所以最後的複數 s 很重要，之前世界侍酒師競賽裡面的「酒單挑出錯誤並改正」的項目裡面就曾出現過。

話說回來，那白中白除了用夏多內（Chardonnay）外，還可以用什麼白葡萄嗎？在香檳產區還有白皮諾（Pinot Blanc），小梅莉耶（Petit Meslier）與阿邦內（Arbanne）這些白葡萄品種，在早期可以與夏多內混用成白中白，但是到 1980 年代之

香檳區的法定葡萄品種：阿邦內，但不多見。

後，這些白葡萄品種產量非常稀少，而且法規也不再允許加入有標明白中白的香檳裏，所以今日我們喝到的白中白都會是 100% 的夏多內。

剛剛說到的白皮諾，小梅莉耶與阿邦內是不是有些陌生？很多人都以爲香檳的法定葡萄品種就 3 個：夏多內、黑皮諾與皮諾莫尼耶，但其實香檳的法定葡萄品種一共有 7 個，除了上述提到的 6 個葡萄品種外，還有一個灰皮諾（Pinot Gris）。依據 CIVC 的葡萄種植比例來看，黑皮諾佔了 38%，皮諾莫尼耶佔了 32%，而夏多內佔了較少的 30%。慢著，38+32+30 不就是剛好 100% 了，那其他 4 個葡萄品種呢？沒錯，其他 4 個品種的總種植面積佔不到 0.3%，所以四捨不入之後可以忽略不計，這也是爲何多數人會以爲香檳區只有夏多內、黑皮諾與皮諾莫尼耶了。

其實香檳區在中古世紀時並不是種植我們現在熟悉的這三個葡萄品種，當時主要的品種爲白高維斯（Gouais Blanc）、黑高維斯（Gouais Noir）與福滿多（Fromenteau）。福滿多是現今灰皮諾的祖先，在中古世紀可是風光一時被認爲是最有價值的葡萄品種，從中古世紀教會的十一稅的紀錄來看，福滿多課徵的稅遠遠高於白高維斯與黑高維斯。十年河東十年河西，現今的灰皮諾在香檳區受歡迎的程度已經完全比不上他的表兄弟黑皮諾與皮諾莫尼耶了。

現今這三個在香檳區種植面積最廣的葡萄品種，夏多內、黑皮諾與皮諾莫尼耶各自有什麼特色呢？讓我們來瞧瞧：

黑皮諾（Pinot Noir）：Pinot 來自於拉丁文的「pineau」，意思是松果，因爲整個葡萄串非常的緊密形似松果引此得名。黑皮諾是一種早開苞

早成熟的葡萄品種，生性嬌貴不容易種植，而且易染病蟲害，對氣候與土壤也是東挑西揀，十足十是千金大小姐的個性。而在釀成葡萄酒之後容易表現出草莓、櫻桃、莓果等香氣。比起其他兩種葡萄，黑皮諾相對酸度較低，而酒精度介在夏多內與皮諾莫尼耶中間。

皮諾莫尼耶（Pinot Munier）：土生土張的法國葡萄品種，來自黑皮諾的變種。比起另外兩種，皮諾莫尼耶可以算是吃苦耐勞的葡萄品種，能在冰霜寒凍中存活，適度的陽光就可以生長，而且幾乎可以適應任何土壤。因為這樣的個性，所以香檳主要種植皮諾莫尼耶的地區就在相對陰涼潮濕的 La Valle de la Marne，而把陽光充足而優質土壤的地段讓給黑皮諾與夏多內，所以說做人也不要太吃苦耐勞，有時會吵的孩子才有糖吃。說到皮諾莫尼耶的香氣特徵，有類似玫瑰的香氣與裸麥的氣息，有時候也會有「大地」（earthy），類似樹林、落葉之類的感覺。

夏多內（Chardonnay）：說起夏多內的家世，母親是白高維斯而父親是黑皮諾，出生於法國但開枝散葉到全世界，曾經紅到被葡萄酒愛好者抵制[註]，也是屬於早開苞早成熟的葡萄品種。其實香檳的這三個主要葡萄品種都屬於可以早採收的品種，所以香檳產區常常會比其他產區採收時間來得早。夏多內會賦予香檳檸檬、青蘋果、柑橘等香氣，在三個葡萄品種之中，算是酸度最高，而且葡萄的含糖也最高，於是貢獻了最多的酒精度。

認識了這三個葡萄品種的特性，你覺得你會喜歡哪一個呢？如果你喜歡夏多內的特色，那你應該會喜歡白中白，如果黑皮諾或是皮諾莫尼耶的風味比較合你口味，那黑中白應該更適合你。

那至於為什麼有些釀酒師說白中白比較好，而且有些莊主說黑中白比較好呢？道理很簡單，就是看他們頂級款的香檳是什麼？如果頂級款是是白中白，那當然會說白中白是香檳的經典，相同地，黑中白也一樣的道理。

不過再往前思考一步的話，為什麼有些香檳廠的頂級香檳是釀造白中白，而有些是黑中白呢？其實淺而易見，就是看他們的葡萄園位置在哪裡，如果葡萄園位在白丘（Cote des Balncs），這邊以生產夏多內有名，那無庸置疑的，他們的頂級款就會是白中白；如果葡萄園位在漢斯山丘（Montagne de Reims），這邊主要的葡萄品種為黑皮諾，那他們的頂級款香檳應該就會是黑中白了！這道理就像南部的肉粽店會說南部粽好吃，而北部賣肉粽的當然會說北部粽美味一樣，南部粽好吃還是北部粽美味，就是看個人味蕾喜好了。同理可證，白中白或是黑中白誰比較好，也就看你自己個人喜好啦！

註：曾經有個 ABC 的口號活動「Anything but Chardonnay」（除了夏多內給我來什麼都好）來拒喝夏多內。

如果你喜歡夏多內的特色，那你應該會喜歡白中白，
如果黑皮諾或是皮諾莫尼耶的風味比較合你口味，
那黑中白應該更適合你。

微 醺 時 光

Duval Leroy Petit Meslier Extra Brut 2008

對於香檳的追求者，探索的不僅僅是風土，還有那些極少量葡萄品種生產的香檳，像是小梅莉耶（Petit Meslier）。

小梅莉耶聽起來很陌生，因為這是幾乎被遺忘的葡萄品種，離開了香檳區，好像也沒有其他地方種植。這樣的葡萄品種是怎麼來的呢？小梅莉耶是香檳馬恩河谷的原生品種，白高維斯（Gouais Blanc）與薩瓦涅（Savagnin）雜交而來的，白高維斯是一個舊世代的葡萄品種了，但是他的子孫非常爭氣，有名到讓大家聯合排斥（ABC／anything but Chardonnay），那就是夏多內；另外薩瓦涅這個葡萄品種，喜歡侏羅（Jura）產區的朋友應該就不陌生了，它可是黃酒（Vin Jaune）的主要品種呢！

Duval-Leory已走向生態永續的方式來種植與釀造，而對於香檳區葡萄復育的熱情在這款100% 小梅莉耶特釀中得到了完美詮釋。這款酒喝起來如何呢？對我來說是一種新鮮感，不是酒喝起來新鮮，是味蕾的新鮮感。有自然酒的面貌，帶有青色的水果與草本風味，些微的酵母香氣，跟一些類似Sancerre Silex的礦石感受。整體來說，是一支會邊喝邊思考香檳未來另一種風味的可能性。

而這一款酒，Duval Leroy的酒窖主管Sandrine Logette推薦可以搭配被侍酒師公認最難搭配的蔬菜──蘆筍，有機會不妨試試看。

類型｜NM
村莊｜Vertus, Cote des Blancs
價位｜中價
適合場景｜初一十五吃素的時候

22

什麼是 NM、RM、CM，
傻傻分不清楚？

香檳王螢光版。

「**我**現在香檳都是喝小農。」、「小農香檳現在正夯呢！」不曉得最近你是否常聽到這樣一句話，那到底朋友口中所謂的小農是什麼？跟咱們的小農鮮乳或是小農蔬菜是否一樣？

先按耐一下你的好奇心，讓我們從頭說起。

在香檳的酒標上，你會看到一串信息，前面會是兩個英文字母組成，然後接上一段數字，像是 NM549-004，這一段訊息該怎麼解碼呢？前面兩個英文字母標示著 NM、RM、CM、MA、ND、SR 的字樣，代表著生產商的類型，而後面的數字則是香檳協會給其分配的註冊號。

註冊號不難懂，反正就是一個編號。但是什麼叫做生產商類型呢？為什麼只有香檳有這樣的法規呢？因為香檳產區的合作關係比較特別，有 70% 的葡萄田是掌握在葡萄農手裡，所以必須確認生產廠商跟葡萄農之間的關係，像是所謂的小農香檳 RM，就是生產廠商本身就是葡萄農，自種、自釀、自銷。讓我們來說說每一個生產商的類型吧！

RM – Récoltant Manipulant（獨立酒農）

RM 香檳又被稱作 Champagne de Vigneron/Grower Champagne。從葡萄園的種植、採摘、釀造及最後的銷售，都是酒農們自己獨立完成的。

NM – Négociant Manipulant（酒商）

這一類生產者通常被稱為 Maison de champagne 或 Champagne house。NM 生產者可以擁有自己的葡萄園，也從葡萄農收購葡萄，或是全部

的葡萄都是收購自葡萄農，但後續的釀造、陳年、裝瓶、行銷皆由生產者完成。香檳區約有 250 家酒商，大品牌香檳幾乎都屬於這一類型。

CM – Coopérative Manipulant（釀酒合作社）

很多葡萄農擁有小片葡萄園，可能沒有足夠的經濟能力或是認為不值得投資設備來生產釀造，便會聯合起來成立合作社進行資源整合，合作社會負責管理所有成員的葡萄園以及後續的釀造與銷售，算是一種託租代管的概念。香檳區目前註冊登記的釀酒合作社共有 100 家。

RC – Récoltant Coopérateur（合作社獨立生產商）

不同於 CM，RC 是香檳合作社中的一個獨立成員，合作社為成員們提供生產釀造的設備環境，但個別成員依舊擁有自己獨立品牌並需自己

酒標可以看到 CM 的字樣，表示是來自釀酒合作社。

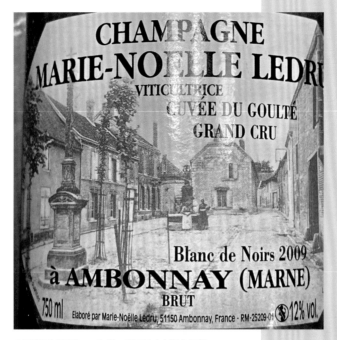

右下角可以看到 RM 字樣，表示是來自獨立酒農。

右下角可以看到 NM 字樣，表示是來自酒商。

負責後續銷售。如果酒農在除渣前取回屬於自己的香檳自行除渣，只需貼上自家品牌，但如果除渣後再取回自家的香檳，則酒標上需註明合作社名稱。

MA – Marque d'acheteur（買家品牌）

由第三方買家購買已釀造完成的瓶裝香檳，並貼自家的酒標。第三方可以是酒店、酒窖或是餐廳等。簡單地說是一種代工貼標的概念。

ND – Négociant Distributeur（分銷商貼牌香檳）

分銷商從香檳生產商那邊購買裝瓶完成的香檳，然後貼上自家的品牌酒標來進行銷售。

SR – Société de Récoltants（酒農香檳生產商協會）

幾個香檳生產商聯合起來進行香檳的種植、釀造和後續銷售工作。這些生產商一般有血緣關係，可能來自於同一個大家族，因遺產所得擁有各自的葡萄園，會聯合起來共同管理，然後釀造出的香檳由每家生產商貼上自己的品牌進行銷售。

說到這邊，你是否有過這樣的問題：「爲何只有香檳區才有標示所謂NM、RM、CM 等等編號來區分酒莊與葡萄農的關係呢？」

如果要以官方的方式回答，我會說「因爲香檳產有 70% 的葡萄來自葡萄農，所以必須確認彼此雙方的合作關係」。不過如果是非官方且不

用負責任的說法，我會深深覺得當初制定這樣系統的人根本就是百年難得一見的行銷天才，爲什麼我會這麼恭維呢？你往下看就知道了！

以常見的 CM、RM、NM 來看，在訴求上就涵蓋了所有行銷策略上的手法，針對理性型、感性型與奢華型等三種消費者：

CM：合作社香檳，主攻理性思考的大腦，直覺物美價廉。

RM：小農香檳，主攻同理心效應的心靈，訴求溫情攻勢。

NM：大廠香檳，主攻欲求不滿的情慾奢華，適合吸引異性。

先說說所謂的合作社香檳，因爲生產者的釀造設備是共用的（釀造設備是一筆很大的投資），所以投資花費相對較低，羊毛出在羊身上，那香檳的價錢一定也比較親民，至少 CP 值很高。如果你以金錢分析來挑選香檳，代表你是非常理性思考型，那 CM 香檳就非常對你的胃口。

小農香檳，聽到小農就會有一廂情願的想像，刻苦的葡萄農一早就要到田裡照顧葡萄，然後釀酒的時候日以繼夜的操持，然後還要操心接下來的銷售工作。如果你是這樣思考來挑選香檳，代表你是屬於非常感性的人，RM 小農這名詞一定讓你愛心氾濫。但其實他們沒有你想像得那麼艱辛，小農香檳的賣點其實是在風格多變與風土特色，不像那些大廠香檳品牌因爲注重風格一致而自帶枷鎖，酒農對於自家香檳的風格擁有絕對的自主權，在釀製香檳的過程中亦可以採取更具個性的方法來釀酒，突出表現自家葡萄園的特色。所以 RM 香檳被認爲是最能品嘗到風土特色的香檳。

說 NM 香檳前，先來說個故事，幾年前跟朋友到夜店，他直接點了一瓶螢光版的香檳王，我選了一瓶很有風土特色的 RM 香檳，當侍者送來香檳並且點亮香檳王的螢光開關時，附近的妹眼睛都瞬間一亮，「哇！香檳王！」，立即湧了上來。香檳王的好喝毋庸置疑，但當下真的沒人在意它的製程，因為它的頭銜光芒萬丈蓋過了背後似乎微不足道的製作故事，那些靚妹們沒人深究葡萄品種或是陳年時間，只有拿著香檳王跟我朋友猛拍照。

我朋友在香檳王秒殺之前幫我倒了一杯，跟我說：「出得了廳堂，進得了臥房，打開妹心防，衣服脫一旁——這就是香檳王的魅力。」我邊思考邊抿了一口，他敲了一下我的香檳杯跟我說：「今夜沒灌香檳王，就稱酒王也枉然！」一口氣乾完就勾搭著妹去舞池了。

我默默坐在椅子上喝完風味複雜的香檳王，同時思考著人生的複雜，然後繼續喝我那瓶滯銷的小農香檳。旁邊一位女士問我：「氣泡酒啊，是哪一國的呀？」我臉露微笑地跟她說：「這是法國香檳的氣泡酒喔！」

從此之後，我知道香檳好不好喝是一回事，但要有名人加持才能獲得眾人青睞，像是 Bollinger 是電影《007》中主角詹姆斯龐德（James Bond）常喝的香檳，而 Pol Roger 有英國首相溫斯頓・邱吉爾（Winston Churchill）最愛的香檳之稱，香檳王當然就是傳說中的香檳之父唐 培里儂（Dom Pérignon）囉！這位虔誠祀奉上帝的唐 培里儂修士，應該不會預料到他的美名在百年之後居然可以制霸稱王、撩妹無數，我想他在天之靈應該恨不得再下凡來一趟了吧！

微 醺 時 光
Devaux Collection D Millésime 2008

Devaux是一家頗有歷史而且具有規模的合作社香檳，成立於
1846年，合作的葡萄園面積超過1300公頃，目前大約有800位
酒農，堪稱是Cote des Bar區最大的酒農團體。雖然擁有如此
龐大的葡萄園，但Devaux的主要業務是與其他香檳廠契作，將
種植的葡萄或榨汁完成的葡萄汁賣給其他香檳廠，以自家名義
Devaux酒標出售的香檳只有大約100公頃的葡萄園。

這100公頃是Devaux酒窖總管Michel Parisot與團隊從全部葡萄
園中精心挑選出來的，給予合作的葡萄農最合適的農法，但依
舊尊重葡萄農保有原本的耕作方式，不論是有機、永續或是傳
統農法，只要是好的葡萄，就能夠被挑選為釀造Collection D的
香檳使用，而該葡萄農還可以得到額外的利潤報酬。而這樣的
管理合作機制，讓Devaux的香檳有了極佳的品質，而且在2015
的全球最佳香檳與氣泡酒的競賽中，一舉摘下了「全球最佳香
檳」的殊榮。

此款香檳是Devaux的頂級之作，有著蜂蠟、烤杏仁、烤麵包和
奶油等香氣，這並不讓人意外，因為這款香檳標著陳年時間為5
年（aged 5 years），而且更難能可貴的是，這樣一款氣味飽滿
而複雜的香檳，價錢依舊非常親民呢！

類型 │ CM
村莊 │ Bar Sur Seine, Cote des Bar
價位 │ 平價
適合場景 │ 股票大跌又想喝好香檳的時候

23

香檳有一個不同於其他葡萄酒的特點，就是會暗示甜度等級[註1]，這邊說暗示是因為瓶身並沒有明確地說出精準的數字，只會用 Brut、Demi-Sec 這樣的字眼來表示甜度含量。其實並不奇怪，我們在路邊點手搖飲的時候，不也是說全糖、半糖、少糖跟微糖嗎？其實到現在我還是搞不清楚少糖跟微糖到底誰比較甜！

在香檳的瓶身上面我們會看到如下的標註，像是 Brut，代表的就是 0-1.2% 的含糖量，也就是每公升含有 0-12 公克的糖分。注意喔，這邊說的是每公升的含糖量，我們正常瓶的香檳每一瓶的容量是 750 毫升，也就是一瓶 Brut 香檳，含糖量為 0-9 公克。這樣的口感是最為溫潤，而沒有明顯的甜度表現，所以 Brut 是香檳甜度等級裡面最受歡迎，也是賣得最好的香檳類型。

Brut Nature：含糖量 0-3g/l

Extra Brut：含糖量 0-6g/l

Brut：含糖量 0-12g/l

Extra-Sec：含糖量 12-17g/l

Sec：含糖量 17-32g/l

Demi-Sec：含糖量 32-50g/l

Doux：含糖量 50g/l

所以當我們買一瓶標示著 Extra-Sec 的香檳，喝起來一定比 Extra-Brut 來得甜，這很容易理解。不過你有發現這邊隱藏一個模糊不清的地帶，也是每次香檳課講到這邊時，我都會問問在座的聽眾，如果你是酒莊主人，生產了一瓶每公升含糖量 2 公克的香檳，那請問你應該在酒標上面應該標示什麼呢？

「覺得應該是標 Brut Nature 的請舉手！」、「Rxtra Brut 的！」、「Brut 的！」……一般來說在場總會有一半的人沒舉手，因為 2g/l 的含糖量符合 Brut Nature 的規定，但也符合 Extra Brut 以及 Brut 的規定，卻只能三選一，真的會令人猶豫不決！

這時我就會語帶鼓勵地說「剛剛只要有舉手的人，都對喔！」這時就會看到有舉手的人笑容滿面，沒舉手的人悵然若失，然後沒幾秒一堆問號就會浮在臉上。

「為什麼每個人都對？是可以隨便標嗎？」總算有人忍不住詢問。沒錯，這三種都可以標。因為這三種標示都符合規定，你們心裡應該在

想「但是這樣不就會令消費者搞不清楚含糖量嗎？」

沒錯，這就是香檳廠的行銷操作了！如果今天你生產一瓶 2g/l 的香檳，你會考慮該產品的市場定位，如果你把他標示爲 Brut Nature，是希望吸引想要喝到更原味、更單純口感的香檳愛好者。因爲當他們看到 Brut Nature，會知道這是添糖量極少的香檳等級，只有優質的葡萄以及具有自信的釀酒師才敢添加這麼少量的糖。糖會美化香檳的味道，但也會遮蓋細緻的風味，所以有一派喝香檳的人喜歡喝添糖量少的，甚至不添糖的，像是 Zero Dosage[2]。

另一方面，如果你希望你的香檳是市場接受度高的，那你就應該把他標示爲 Brut，因爲就像我們剛剛提到 Brut 香檳是最受市場歡迎的，因爲一般對香檳稍有認識的消費者會認爲 Brut 香檳是口感適中，不會太甜也不會太酸，算是雅俗共賞的類型，而市場賣得好，莊主也會開心，算是皆大歡喜的局面。

「那誰會標示 Extra Brut？」有人很不識相地追問，這可眞的考倒我了。急中生智地說「有可能莊主本人要標 Brut Nature，但是莊主夫人要標 Brut，床頭吵床尾和，雙方爲了婚姻和諧，就折衷選擇了 Extra Brut 了吧！」

註 1：一些以生產甜酒著稱的國家，也會以標示含糖量等級，像是德國或是匈牙利的貴腐酒。

註 2：無添糖（Zero Dosage）的香檳，也會有其他的名稱來表示：Sans Sucre、Ultra Brut、Brut Sauvage、Sans Liqueur。

微 醺 時 光
Varnier Fannière Rose zero Brut NV Grand Cru

受溫室效應影響，香檳這幾年的平均溫度比上個世紀高了兩度，這對過往因為地處北緯陽光不足的香檳地區其實並不是一件壞事，提高的溫度讓葡萄可以更成熟，再加上市場潮流傾向低Dosage，所以也越來越多的香檳廠推出了Zero Dosage的香檳，但是有勇氣推出Rose zero dosage（無添糖粉紅香檳）的香檳倒是不多，而Varnier Fannière正是其中的先驅者。

Varnier Fannière位在白丘的精華地帶，所擁有的葡萄園都是Grand Cru（特級園），當然葡萄都是來自Grand Cru，所以每一瓶香檳上都會印製著Grand Cru的字眼。莊主Denis堅持遵古制法使用最傳統的方式釀造香檳，像是葡萄的榨汁仍是全數使用Coquard[註]，每天要彎著腰攪動葡萄達15個小時以上的工作時間，而不是使用現代化的輕鬆榨汁設備，因為他深信只有透過傳統木製的Coquard機具才能帶出最原始、最輕柔的葡萄汁。

這款粉紅香檳90%的夏多內來自Cuvée Saint-Denis，而另外添加10%的紅葡萄則是購自於Ambonnay的黑皮諾。輕柔的紅色漿果香氣，以及白丘夏多內的礦石鹹感中，有一絲絲耐人尋味的苦澀感，並不惱人而是感受到真實的大地氣息。

類型	RM
村莊	Avize, Cote des Balncs
價位	平價
適合場景	頓悟到真實世界並不都是甜美的時候

註：請看 p.176〈cuvée 到底是什麼東西？〉

Varnier Fannière Rose zero Brut NV Grand Cru

24

香檳有天堂，還有三階段？

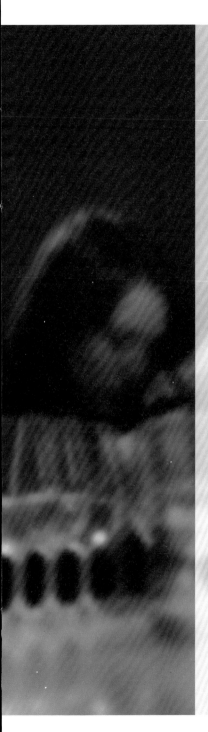

記得有一次在精品場合的香檳品飲會，我感性地說到「因為今天我們要搭配下午茶點，所以會選擇這款香檳添糖較多的，喝起來會比較甜美……。」

前排有一個貴婦立即打斷我「香檳還有天堂喔？也是在法國嗎？」

愣了一秒鐘，才知道她指的是天堂，已經有在場來賓忍俊不住笑了出來。

為了避免場面尷尬，趕快解釋一下此添糖非彼天堂，這裡講到的香檳添糖，指的是在香檳裡面添加糖分。

「香檳為什麼要添糖？是像珍奶一樣會比較好喝對嗎？」這位貴婦真的是好學不倦地發問。

香檳添糖是為了讓香檳喝起來有不同的口感。早期香檳產區因為位在高緯度的地區，天氣冷陽光不足，葡萄常常不夠成熟，釀造出來的葡萄酒會偏酸，所以要適量地加入糖分，讓口感變溫潤。

「添糖就像是化妝一樣，加一點點糖就像是化淡妝，加很多糖就像是化濃妝，如果喝到 Doux 等

級的就會像是藝伎的濃妝一樣，根本是戴面具，已經分不出誰是誰了。當然香檳也可以不加糖，叫做 Zero Dosage，那就是要對自己的素顏有絕對的自信，但我必須說不加糖的香檳常常不好賣，就像是參加相親聯誼活動，也很少素顏就來參加的。」以上這段話是我平常在教香檳證照課程的時候會講的，會讓課堂輕鬆一下，但在那天的場合我沒有說，因為在座都是貴婦級的女士，不能說濃妝艷抹，但絕非淡妝，如果她們沒聽出來我是在開玩笑，以為是有物化女性之嫌，那就慘了。

當時看到有一位女士正在拍照，臨機一動舉了個例子，香檳添糖就像用美肌濾鏡的道理一樣，可以完全不用濾鏡，保持原汁原味，就是 Zero Dosage；或是調整一點濾鏡效果，讓照片看起來更吸睛奪目，但不失自然，就像是 Brut；如果濾鏡開到最大，毛細孔都看不見了，五官臉型都改變了，那就是名符其實的照騙了。

話一說完的當下，心一驚會不會正在拍照的女士就是把濾鏡開到最大呢？於是立刻再舉了一個譬喻，香檳添糖就像是食物加鹽，加鹽會讓食物變好吃，但過量的鹽也會遮蔽食物本身的味道，但不加鹽可能也會讓食物索然無味，所以適量的加鹽才可以提升食物美味，這樣的舉例應該不會再得罪任何人了吧！

緩了一口氣之後，那位好學不倦的貴婦又發問了，「那其他的葡萄酒也會添糖嗎？」

講太深場子會冷掉，所以我簡短地回答她，「是的，其他葡萄酒也有可能會加糖，但都是在釀造初期的時候，因為糖分不夠而添糖，不會

是像釀造香檳最後才添糖。」

不過她的問題讓我想到某一次的侍酒師競賽中，裡面有一個考題是這樣的：「香檳從釀造到成品完成，最多可以有幾次添糖？各是在什麼階段呢？」

你先不要往下看，先試著想想看是否能回答得出來，上面的陳述已經有提示了。想完了嗎？或說想不出來了，那我們來揭曉答案吧！

香檳釀造過程中，可以有 3 次的添糖，分別是在：

1. **發酵初期**，如果當年的葡萄不夠成熟，含糖量不夠無法達到預期酒精度的話，是允許添加糖分。

2. **二次發酵**，第一次發酵結束後，會加入 liqueur de tirage 到靜態酒裡面，其中含有糖分與酵母，來啟動二次發酵。

3. **除渣之時**，因為會噴掉少量香檳，這時候會補液回去，這個添糖（dosage）階段的含糖量就決定了這支香檳的甜度。

你答對了嗎？如果這題對你太簡單，或許你就是百年難遇的侍酒師天才喔！

微 醺 時 光
Ayala Blanc de Blancs 2015

光看瓶身就是晶瑩剔透，正如這款香檳走的就是空靈唯美風，
一直以來Ayala有著香檳界仙女之稱，酒款皆由女性釀酒師釀
造，加上以夏多內葡萄做為主導，成就了酒款清新脫俗的特
色，並串連了酒廠閒靜優雅與白色調的高雅形象。

Ayala由Edmond de Ayala於1860年創立，Ayala特別與眾不同的
地方在於它是早在1865年就推出低糖液（Dosage加入較少的糖
分）的香檳廠，竟就此在英國打響知名度，更成為Ayala酒廠的
招牌風格，甚至後來還以Zero Dosage的香檳吸引了許多香檳饕
客的目光。2005年Ayala成為Bollinger集團旗下的一員，依舊保
有傳統的釀造風格，Ayala與Bollinger就像是風味天秤的兩端，
前者多以當年分的純淨新鮮酒款為調配選項，後者則使用較多
陳年酒以增添複雜度和勁道，風格迥異，但同樣引人入勝。

這款白中白香檳的產量不多，只有在該年的夏多內葡萄品質優
良，有充分汲取到這個地區獨特的風味時，才會釀製這款香
檳。在酒廠喝到這款香檳時，感受到前段風味清新絕俗，酸度
非常明亮且伴隨春天的淡雅的花香，是Ayala一貫的優雅風格，
沒想到在後段浮現烤榛果、烤杏仁等風味，是一種在陳年的布
根地白酒才會出現的特有香氣。在口中的轉變過程，就好似一
位天真浪漫的少女，蛻變成一位飽經世故的女強人一般。而一
口香檳就表現了兩種風貌，令我印象非常深刻。

類型 ｜ NM
村莊 ｜ Aÿ-Champagne，Vallée de la Marne
價位 ｜ 中價
適合場景 ｜ 巧遇初戀情人的時候

25

人工熟成的香檳是怎麼回事？

有這麼一個都市傳說，就是把即將要喝的香檳拿到室溫（28 度以上）放個一週，或是讓他曬曬太陽一個下午，開瓶的味道就會有超越同年期香檳的熟成感，也就是超齡香檳。

說得更白話一點，原本要 20 年熟成才有的味道，透過這種人工熟成的方式，可能數個月就可以達到，所以有這麼一陣子常聽到很多香檳愛好者瘋狂地崇尚人工熟成。

對於這樣的都市傳說，雖不能說嗤之以鼻，但也不能心悅誠服得效法。

先來說說另一個故事，2016 年 3 月 Moet & Chandon 的釀酒師 Marc Brévot 來台灣，剛好有機會一起共進晚餐，席間我們也喝了幾款 Moet & Chandon 的年分香檳，其中令我眼睛突然一亮的是 1999 的年分香檳。

該怎麼形容這樣的驚艷呢？一種特別的木質調性充斥鼻腔，微有檀香之感，而入口是豐沛的陳年滋味，趨近酸梅的口感，還帶有淡淡的燻香味。這樣的口感，完全推翻我記憶庫中 Moet & Chandon 以花果香氣為主的印象，難道 Moet & Chandon 就是傳說中的女大十八變，陳年之後會有這樣 180 度的大改變嗎？

腦子思考著該怎麼詢問釀酒師這樣的問題，當眼光跟他對到時，還未發問，就看他眉頭一皺，請侍酒師再開一瓶新的 1999。

把原本的問題吞下肚子裡，直覺地詢問「發生什麼事了？」

「剛剛那支酒過度熟成了。」釀酒師 Marc 這樣回答。

「你所謂的過度熟成指的是什麼？」我打破沙鍋問到底地追問。

釀酒師 Marc 遲疑了一下，這麼回答我，「這不是這款香檳應該要表現的味道，因為我幾乎天天在喝，所以我知道他該有的氣味是如何，剛剛這支可能在運送或是保存過程中熱到了。」

被他這麼一說，我還該跟他說我超喜歡這支過度熟成的香檳嗎？

終究我還是坦白了，畢竟我已經喝了一瓶多的香檳，酒醉總是會令人誠實，所以我就老實跟他說「我喜歡這樣的木質調性味道，甚至會讓我聯想到 Krug 或是 Bollinger 那樣的桶陳味道。」

Marc 說「的確這支酒表現了另外一種層次的氣味，但是我希望你們認識真正的 Moet & Chandon 1999，這樣的過熟並不是我們的風格！」

我同意他的說法，不過我念茲在茲的是會後可不可以把這瓶過度熟成的香檳帶走？最終未能如願，因為同桌也有人跟我一樣喜歡這樣的味道，在席間就喝光光了！

經過這件事情，我對於過度熟成有了新的體悟，所以我自己也做了個實驗，拿了三款一樣的 NV（Non-Vintage，無年分香檳）香檳（你不要問我是拿哪一款香檳，我不要做壞人！），在夏天的季節放在室溫下。第一瓶放了約一週開來喝（喝之前當然還是要先冰鎮），本來清新花

人工熟成算是一種揠苗助長的行為，
或許多了一些陳年的氣息，
但也要抓緊在迴光返照的剎那開瓶享用。

果香的味道變得比較像是水果催熟的感覺，或比較多熱帶水果的氣息。整體還算討喜，只是跟原本的味道有些微不同了。

第二瓶在 15 天後開來喝，第一個感覺是氣泡感變稀疏，細緻的花果香氣不太感受得到，取而代之的是明顯的酸梅味，但沒有上次喝到的 Moet & Chandon 1999 那麼典雅的感覺，不會難喝，感覺較有濃郁風味，但也多了點粗糙感。無法以科學性來解釋，如果以文學性來描述的話，就是這支酒少了點什麼，似乎就是「生命力」了！

第三支原本要放個兩個月的，但喝到第二支覺得應該要趕快開來喝，尤其又是夏天時節，所以大約第 30 天就把第三瓶開來喝，好險還沒有變香檳醋。一瞬間的香氣的確比較濃郁，但是很快其香氣與口感就表現地垂垂老矣。喝這樣的香檳不是什麼太大的享受，最終也沒能喝完，算是我的第一瓶人工熟成失敗的作品，也會是最後一支。

回到「人工熟成」這事情，現在的我不會堅決反對，但是也絕不會鼓勵，畢竟喝香檳還是希望喝到葡萄園的風土與釀酒師的初心。經過長時間的酒窖陳年，所發展出的陳年香氣與口感也會更為細緻而美妙，人工熟成算是一種揠苗助長的行為，或許多了一些陳年的氣息，但也要抓緊在迴光返照的剎那開瓶享用。

所以結論是請耐心等待香檳的自然熟成，不要用人工熟成的方式來催熟，但是不小心發生的自然熟成就當作是上帝意外的禮物吧！

微 醺 時 光
Delamotte Collection Brut 1999

Delamotte是Salon香檳的姐妹廠，這是大家心知肚明的事情，但是Salon香檳不是每年都釀造香檳，如果沒有釀造Salon香檳的年分，那那些葡萄何去何從呢？就是拿來釀造Delamotte了，這是一個祕密，但卻是一個公開的祕密。

Delamotte是一個歷史悠久的香檳廠，位在白丘，它的白中白品質相當令人激賞，而價錢也令人相當欣慰。而Delamotte有一款不常見於市面的香檳，就是Delamotte Collection。我第一次喝到這款香檳是在Salon的品酒室，當時（2015年）我喝到了Salon 2004與Delamotte Collection 1999，而在最後要離開酒莊時，酒莊莊主Didier問我：「酒沒喝完你帶回旅館喝吧，但只能讓你帶一瓶，你要帶哪一支呢？」這是一個令人左右為難的問題，當時的我已處於半微醺狀態，對於金錢考量的理智已經斷線，而是用感性的味蕾來做選擇，所以我說「我要帶Delamotte Dollection。」

並不是說Delamotte Collection就勝過Salon，只是在那個時間點，Delamotte Collection經歷了16年的歲月正是它風華正茂之時，而Salon依舊稚嫩，畢竟一瓶好的Salon要經歷20年以上的成熟期。

類型｜NM
村莊｜Le Mesnil sur Oger, Cote des Blancs
價位｜中價
適合場景｜想喝Salon但家裡的Salon卻太年輕的時候

26

為什麼香檳不用標年分？

曾經有一次在餐廳聽到這樣的對話。「這瓶葡萄酒是哪個年分的？」客人好奇地問侍酒師。

「這瓶是無年分香檳喔。」侍酒師禮貌地回答。

「葡萄酒不是應該都要有年分嗎？表示是該年生產的。」

「讓我跟你解釋一下，這瓶是 NV 香檳，也就是無年分香檳，所以不會標示年分。」

「那我不要這個了，幫我找一瓶有年分的。」

年分對於葡萄酒的確重要，因爲每個年分的日照以及雨量都不相同，造就每一個年分葡萄酒的差異。

但無年分香檳也格外重要，因爲無年分香檳代表了一個香檳廠的一致風格，尤其在氣候偏冷涼的香檳產區。

香檳位在北緯 49 度左右，可以說是世界葡萄酒產區的最北緣，由於平均溫度低，尤其在溫室效應之前的年代，許多年分的葡萄都沒有完全成熟，釀造出來的香檳容易偏酸，缺少成熟水果的風味。所以香檳區的釀酒師除了釀酒，還需要多做一門功課，就是調酒：調和不同年分的原酒使得每一次出廠的 NV 香檳都可以維持相同的風格與味道，也算是香檳人在天有不測風雲的自然條件下衍生出的混釀哲學。

這邊的 NV 意思是 Non Vintage，是無年分的意思，但其實更應該說是
Multi-Vintage，多年分更貼切。因為釀酒師是把多個年分的原酒做調和，
所以一瓶 NV 香檳裡面會包含數個年分的原酒，可能 3 到 4 個年分，
也可能多到數十個年分，目的就是讓消費者每次喝到這個品牌的 NV
香檳都會有如出一轍的風味。所以如果你喝到一款你喜愛的 NV 香檳，
記得酒莊的名字，5 年後或是 10 年後再買來喝，風味理論上會是一樣
的，如果感覺不一樣的話，那應該是你的味蕾改變了！

既然有 NV（Non Vintage）香檳，當然就會有 Vintage 年分香檳。NV
香檳的概念與 Vintage 剛好背道而馳，NV 香檳走的是風格一致性，而
Vintage 年分香檳就是凸顯年分的差異性，像是其他產區的葡萄酒一樣，
會標註生產年分，代表是當年所採收的葡萄^註。而與其他產區葡萄酒不
一樣的是，Vintage 年分香檳不是每年都有，只有在風調雨順，釀酒師
認為葡萄的品質夠好，可以釀造單一年分的時候才會生產。不過好的
年分的收成不能全部都拿來釀造年分香檳，最多 85% 可以拿來釀造年
分香檳，而剩下的就是當作 Reserve Wine 來平衡 NV 香檳的品質。相對
於 NV 香檳，Vintage 年分香檳稀少得多，大約只有佔全部香檳生產量
的 5% 不到。

像是在香檳界有「史瑞克」之稱的 Salon 香檳，以只生產 Vintage 年分
香檳著稱，而上個世紀只生產了 37 個年分。那你可能會好奇，既然
Salon 沒有生產 NV 香檳，而一整個世紀的時間裡 Vintage 年分香檳又
只有生產 37 個年分，那其他沒有釀成香檳年分的那些葡萄都到哪裡去
了呢？ Salon 香檳有個姐妹廠，叫做 Delamotte，如果當年採收的葡萄
無法釀成 Salon 香檳，那葡萄就會轉給 Delamotte 香檳使用。像是那些

沒有生產 Salon 香檳但有生產 Delamotte 年分香檳的年分，像是 1992、1993、2000 年之類，等於是用 Delamotte 年分香檳的價格買到 Salon 等級的小秘訣（價錢差多少，不妨自行上網查查看），這算是香檳愛好者都心知肚明的公開祕密了。

凡事都有例外，像是 Jacquesson 香檳，生產的香檳既沒有標示 NV 也沒有 Vintage，酒標上就是一個數字，像是印著 Jacquesson 745，讓人乍看之下毫無頭緒。因為這個數字絕對跟生產年分扯不上關係，應該也不是內容量（容量應該要 750 毫升，這樣少了 5 毫升），那這個數字代表的是什麼呢？

這就要細說從頭了，Jacquesson 是香檳區最古老的酒莊之一，成立于 1798 年，到 1898 年酒莊 100 周年時，決定開始用阿拉伯數字來記錄每一個釀造的批次，一直到 2000 年剛好釀造了 727 款香檳。而在 2001 年的春天，現任莊主 Chiquet 家族決定延續傳統，從 728 開始來命名每一批次生產的香檳。

每一批次生產的香檳要表達的概念非常簡單直接，就是每年的葡萄都是獨一無二的，所以依照每年的收成狀況來調配出品質最優秀的香檳（不同比例的葡萄品種，不同地塊的葡萄，不同分量的添糖，不同比例的典藏酒），每一批次的風格會不一樣。像是 Vintage 的概念，但又混調了多個年分，類似 NV 的概念，所以說這是 Jacquesson 獨有的命名方式。

像是最新批次的 Jacquesson 745，主要的年分是 2017 年的葡萄，背標上

也說明葡萄來自的村莊、除渣日期以及 dosage 的糖分含量，讓人一目瞭然，這是一支非常有 engineering style（工程師風格）的香檳！

後來那位堅持要年分酒的客人怎麼了？我記得那個侍酒師後來帶回一瓶年分香檳，讓客人確認酒標上有年分無誤之後才開瓶。我想侍酒師心裡應該在賊笑，因為一瓶 Vintage 年分香檳的價錢可是比 NV 香檳高出 3 到 4 倍不等呢！

註：每次說到年分香檳，我都會問一個問題：「年分香檳一定是 100% 當年分的收成葡萄嗎？」答案是不一定，雖然法規說明 100% 的葡萄必須來自指定的收穫年分，但在法國事情總有例外，像是 dosage 的酒液是允許可以使用不是指定收穫年分的。

NV 香檳走的是風格一致性，
而 Vintage 年分香檳就是凸顯年分的差異性，
像是其他產區的葡萄酒一樣，會標註生產年分，
代表是當年所採收的葡萄。

微醺時光

Salon Le Mesnil Blanc de Blancs Brut 1996

Salon應該是香檳裡面最容易認識的，因為整個香檳廠只生產一款香檳，而這款香檳只用單一葡萄品種，就是夏多內，來自單一葡萄園，就是Le Mesnil sur Oger，當然也是來自單一年分，而且只有在絕佳的年分才會生產，所以上個世紀只生產了37個年分。沒有什麼Rose，沒有什麼Demi-Sec（註），就是這麼一款獨一無二的Salon香檳。

一款Salon香檳會在酒廠經過至少9年以上的瓶中二次發酵，出廠之後也會建議再放個10年，也就是當這款Salon香檳20年華之後才會是最好的賞味時機。20歲的Salon是清純亮麗，但如果你願意再給他10年，它會表現另一種成熟優雅的魅力，那再10年時候呢？聽說有另外一種絕世風華，只可惜此生尚無緣見識。

1996年並不是Salon香檳20世紀的最後一個年分，後面還有97、99年，之所以介紹Salon 96是因為他已經達到適飲的年紀，而且96年可以說是上個世紀末幾年的最佳年分，風調雨順，讓葡萄充分成熟又帶有完美的酸度。經歷20幾年的歲月洗煉下，依舊活力充沛，同時表現香檳特有的烤麵包香氣，以及白丘風土獨特的鹹感礦石味，形容再多也不如你親自喝一口體會來得深切，但前提是要買得到再說囉！

類型｜ NM
村莊｜ Le Mesnil sur Oger, Cote des Blancs
價位｜ 高價
適合場景｜ 感謝30年前的自己，有為30年後的自己投資一瓶
　　　　　　Salon

註：請看 p.146〈你知道你喝的 Brut 香檳含糖量是多少？〉。

167

27

香檳是不是不重視風土？

「香檳產區是不是不重視風土？」有人在香檳課時問出了這樣的問題，這樣的問題是藐視香檳，在一群香檳愛好者前面，這是很沒禮貌又大膽的舉動。

我平心靜氣地反問：「為什麼你會這樣覺得呢？」

「因為在布根地都會推出 single vineyard（單一葡萄園）的酒款，讓我們可以了解每一塊園的特殊性與差別，但是我喝香檳到現在好像沒有喝到香檳區的單一園。」可以感覺他是真誠地在問問題，不是來挑釁的了。

其實這位學員的問題正是香檳一直以來存活的關鍵。香檳在宿命上與其他葡萄酒就存在很大的差異，香檳區曾經是葡萄種植的極北端[註]，氣候不穩定造成葡萄成熟期相差非常大，在這種情形下香檳廠數百年來要釀造出自家風格一致的香檳其實是很不容易的，所憑藉的就是調和的技術：不只是葡萄的品種混調，葡萄園地塊也做混調，甚至年分也混調起來，可以說香檳是一個把「天地人」完全融合的葡萄酒，其目的就是讓香檳風格從一而終。

但是從 20 世紀開始，有些香檳廠跳脫這樣的思

Ayala 香檳廠地窖的白堊岩層。

維，像是 Salon 香檳就推出以單一年分、單一產區 Cote des Blancs、單一特級村 Mesnil-sur-Oger、單一葡萄夏多內的香檳，因此造就它獨特而超然的地位。另外像是 Philipponnat 的 Clos des Goisses，或是 Krug 的 Clos des Mesnil，都是香檳區單一葡萄園的知名傑作。也因為風土 Terroir 的概念席捲了葡萄酒的價值觀，在上個世紀末有越來越多的酒廠推出單一園的作品，也因為這樣，讓原本只有單一園的小農香檳開始出頭天。像是 Ulysse Collin 的 Les Roises，Egly Ouriet 的 Les vignes de vrigny，還有傳奇小農香檳 Jacques Selosse 的 Lieux-dits 六款單一園作品。

「那香檳的土壤主要是什麼呢？」既然香檳有單一園的作品，這位學員開始問起地塊的組成，這一般是我最不想講的，因為每次講完都會睡倒一半。

「香檳有名的就是白堊土，也就是 chalk，會稱為白堊土是因為在白堊紀（Cretaceous，145-65 百萬年前）時生成，有點類似以前我們上課用的粉筆。而香檳的另外一種主要土壤層就是 limestone-rich marl（泥灰岩，富含石灰石的泥岩）。」簡潔回答希望能結束地質上的話題。

「請問 chalk 就是 limestone 嗎？」那位學員打破沙鍋問到底，我真不懂為什麼有人在喝了 5 杯香檳之後還可以問這樣的問題。

「chalk 算是 limestone 的一種，但不是所有的 limestone 都是 chalk。」說起來有點饒舌所以我又補充了一句「像是香檳可以算是氣泡酒的一種，但不是所有的氣泡酒就一定是香檳的道理一樣。」

位在香檳的 belemnite 古化石。

limestone 中文叫做石灰石，主要成分爲碳酸鈣岩，它有很多種類，而白堊土只是其中一種。白堊土是一種白色細粒疏鬆多孔的石灰岩，碳酸鈣含量非常的高，所以白堊土擁有強烈的保水特質，它每一立方公尺可以含水約 3 ～ 4 百公升，可以把它想像成地塊中的一個吸水海綿，提供了葡萄樹所需求的水分。

在香檳區主要有兩種白堊土：一種叫做 belemnite，另一種叫做 micraster。belemnite 狀似飛鏢，算是今日烏賊的化石祖先；另一種 micraster 算是古代海膽的化石。因爲地層隆起的緣故，belemnite 多出現在斜坡中段而且靠近表土層，斜坡因爲角度的關係可以獲得最大日照，而且中段坡地在水分上也相對充足，因爲下雨時白堊土可以大量

吸收水分，同時上坡地的水流之後也會流經山坡中段處，讓中段成爲葡萄樹生長絕佳的位置。另外 micraster 則常被發現在靠近平地的地方。

我猜那位學員會要問 belemnite 跟 micraster 有什麼不同？所以我趕快在結尾補充了一句「這兩種白堊土在實質上或是礦石組成方面其實沒有太大的差異。」

「那這些土壤對於香檳的風味有什麼影響嗎？」沒想到他又拋出了另一個可能會令其他人昏昏欲睡的問題。

香檳土壤的組合，有在白堊紀形成的土壤：白堊土、黏土（clays）、砂土（sands），還有白堊紀的下一個年代第三紀（Tertiary）所生成的泥灰岩（marl）。如果說這些土壤層對於香檳的風味影響的話，在黏土比例較高的土壤種植生產的香檳會表現較強烈的礦石（mineral）風味，而在砂土上成長會讓香檳有更豐厚的果香調性，而泥灰岩爲主的葡萄園則會給香檳帶來較深沉的氣味，有時候會形容爲大地的氣息（earthy）。

此時我看有人已經睡眼惺忪，有人拿起手機來解悶，也有人專心喝香檳杯子都空了，我馬上說：「我們香檳還有喔！喝完了還可以再加，來來來，大家多喝一點。」就這樣結束了一連串有深度但令人想睡的地質問題。

註：因溫室效應的關係，葡萄種植的範圍漸漸往北移，現今在英國南部的薩塞克斯郡（Sussex）都可以種植出成熟的葡萄了。

在黏土比例較高的土壤種植生產的香檳
會表現較強烈的礦石（mineral）風味，
而在砂土上成長會讓香檳有更豐厚的果香調性，
而泥灰岩為主的葡萄園
則會給香檳帶來較深沉的氣味。

微 醺 時 光
Jacques Selosse Substance Blanc de Blancs Brut NV

常被稱作小農香檳之父的Jacques Selosse，莊主Anselme
Selosse是香檳區的革命先驅。為什麼這樣說呢？因為一直以來
香檳市場一直被大廠香檳主導，而這些知名的香檳大多是由不
同年分、不同葡萄園所釀成的基酒調配而成，因此香檳區在歷
史上並不是一個重視風土的產區。

而Selosse算是一位先行者，開啟對於「香檳風土」的重視和
研究，同時將布根地葡萄酒的釀酒理念帶入香檳的釀製。這些
作法改變了香檳區一貫的制度，同時也帶起了香檳區小農以
自家葡萄釀造自有風格的香檳風氣，同時也帶動了小農香檳
風靡世界酒客們的潮流。所以當時Selosse又被稱作「Enfants
Terribles」（可怕的幼兒，是法國傳統葡萄酒生產者鄙視那些
打破常規、突然崛起的年輕生產者的代名詞）。

喝Selosse香檳千萬不要抱持著狂歡的期待，因為他走的是風
土意識，有更多深沉的滋味。喝這款香檳時會有一種平和的
感覺，而非雀躍之感，對我來說，這相當難得。如果說Dom
Perignon（香檳王）讓你感受到的是璀璨的星空（因為他的
行銷名言「Come quickly, I am drinking the stars！」），那
Selosse香檳帶你進入的就是神遊物外的冥想。

類型　RM
村莊　Avize, Cote des Blancs
價位　高價
適合場景　想與自己對話的時候

28

cuvée 到底是什麼東西？

講到香檳的釀造時，難免會 cuvée 東 cuvée 西的，就有學員舉手發問：「老師，到底什麼是 cuvée ？」

也難怪大家會混淆，在香檳的術語裡，cuvée 可以是兩種意思，第一個意思：cuvée 指的是葡萄榨汁時的第一道「自流汁」；而第二個意思：cuvée 指的是在二次發酵階段（Prise de mousse）進行調配的酒液，調配的酒液可能來自不同的鋼槽或桶中。

大家聽了似懂非懂，又有人繼續發問「自流汁又是什麼？」

所謂的自流汁（Free Run）指的是當葡萄在 Coquard Press 榨汁機壓榨時，第一道流出來的葡萄汁。對於葡萄釀造而言，自流汁是最純粹的果汁，也代表品質最好的部分（相對於清酒釀造，會將酒液分為前、中、後，中間的部分稱為中取，色澤最清澈、香氣也最溫和，品質也最好）。相對於自流汁，後續經過擠壓得來的果汁，可能多少會摻雜來自於葡萄皮或葡萄籽的影響，被認為是品質次等的果汁。

「有定義第一道流出來的自流汁應該是多少嗎？」、「剛剛你說 Coquard Press，請問那是什麼？」難得遇到這麼踴躍發問的學員們，可能大家已經喝了兩杯香檳，所以放下矜持地暢所欲言了。

我們先來回答什麼是 Coquard Press，他是香檳產區傳統而且特有的葡萄榨汁機，形狀像是還沒切的東北大餅，寬寬圓圓帶有微微的厚度[註1]。整個 Coquard Press 剛好可以裝進 4,000 公斤的葡萄，而這樣一個 4,000 公斤的容量有一個術語，叫做：marc。

又有學員舉手，我以為她只是要再添香檳，沒想到她問：「Coquard Press 這樣的設計有什麼用意嗎？」第一次遇到問題越回答越多的場面。

Coquard Press 這樣的設計的確是別有用意，它的高度或是說深度只有 75 公分，這樣的用意是當葡萄被搾汁時，最上層的葡萄所流出來的葡萄汁，會很快流經下層的葡萄，到達底部的葡萄汁收集槽，讓葡萄汁與葡萄皮的接觸減到最少，來保持葡萄汁的新鮮跟純粹。所以搾汁的速度也要快，而且溫柔，一次的搾汁大多在 20 分鐘內完成。

回到剛剛說的 marc，也就是 4,000 公斤的葡萄，規定能壓搾出 2,666 公升的葡萄汁，最剛始流出的 2,050 公升就是我們剛剛說的 cuvée，也就是最精華的部分。一些香檳廠會強調他們的香檳只有使用 cuvée 來釀造，指的就是只用這第一批初搾的葡萄汁來釀造香檳。緊接著壓搾出來的 500 公升的葡萄汁被稱為 Premiere Taille（第一切），這部分包含較多來自葡萄皮與葡萄籽的汁液，酸度與甜度比起 cuvée 來說相對比較低，而且可能會有較深的色澤與比較明顯的澀感。一般來說 Premiere Taille 的葡萄汁會用來釀造 demi-sec 等甜度較高的香檳。

1 marc（2,666 公升的葡萄汁）= cuvée （2,050 公升）+Premiere Taille（500 公升）+Deuxieme Taille（116 公升）

這時候你可能拿出計算機，2666–2050–500=116。沒錯接下來的 116 公升稱為 Deuxieme Taille，是屬於最末段壓搾出來的汁液，也被稱為 rebèche，在 1992 年之後被規定不能用來使用釀造香檳。不能用來釀造香檳，那 rebèche 壓搾出來能做什麼呢？主要是用來釀造成靜態酒或是

蒸餾酒囉！

剛剛被問了這麼多問題，換我來反問一下大家。「當下次你聽到香檳廠強調他們只有用 cuvée 時，你可以問問他們葡萄園的生產量。因爲有些香檳廠會讓葡萄園的生產量超過平均值，然後榨汁時只取 cuvée，也有一些香檳廠讓葡萄園的生產量低於平均值，但在榨汁釀造時會用到 cuvée 與 Premiere Taille。這兩種栽種與釀造方式，你們覺得哪一種品質比較好呢？」[2]

註 1：有一次到 Champagne Jacquesson 參訪時，看到釀酒廠內有圓形的 Coquard Press 也有方形的 Coquard Press，我當然很好奇有什麼差別，他們很直白地回答：兩者沒有差別，釀造出來的香檳都是一樣的。那為什麼要製作兩種不同形狀的 Coquard Press 呢？答案也很簡單：就是當初想要實驗看看，沒想到結果都一樣。

註 2：我不是忘了寫答案，也不是印刷漏了印，因為這是一個 open question，我自己也沒有答案，你心中的想法就是答案。

{ 4,000 公斤的葡萄，規定能壓榨出 2,666 公升的葡萄汁，最剛始流出的 2,050 公升就是我們剛剛說的 cuvée，也就是最精華的部分。 }

位在 Jacquesson 香檳廠的圓型的 Coquard Press。

位在 Jacquesson 香檳廠的方型的 Coquard Press。

微 醺 時 光
Eric Rodez Cuvée des Grands Vintages

Eric Rodez在回家繼承家業之前，曾經是Krug香檳的釀酒師，在與Henry Krug共事時，他學到了香檳「精細調配」的技藝；而從阿爾薩斯（Alsace）風土專家Marcel Deiss身上，他體悟到了回歸自然「表達土壤特徵」的重要性。經驗與執著，讓Eric成為一位專注於地塊研究的Terroirist，就像是專於實驗的科學家一樣，針對不同的地塊、不同的年分，使用不同的釀造方式，創造出各種組合的Cuvée，最後再用各種方式混調。

Eric Rodez透過香檳傳遞其對terroir的了解與尊重，以及他對香檳混釀藝術的見解，就像Eric自己說的：「站在不同年分，各有風格個性的基酒前面，想像著去調配自己的香檳，真的會讓我興奮不已，就像創作一個全新曲目隨著靈感而來的律動音符。」

這一款香檳正是Eric Rodez的得意之作，顧名思義就可以知道是經典年分的混釀，混釀6個美好年分（2000、2002、2004、2005、2006及2008年），葡萄取自Ambonnay特級園均齡約40年的老藤葡萄（黑皮諾與夏多內），葡萄園以生物動力農法（Biodynamic）的方式悉心栽種，充分展現當地的風土滋味。

釀造過程使用橡木桶，無蘋果乳酸發酵，窖藏8年，Dosage只有微乎其微的3公克，讓這瓶香檳表現出6個極佳年分葡萄所交織出的優美酸度與豐厚口感，細緻溫潤的花果香氣四溢，如絲絨般的氣泡口感，是Eric Rodez作品中最可以表現這位釀酒師「混釀藝術」的一款香檳。

類型　RM
村莊　Ambonnay
價位　中價
適合場景　藝術創作需要一些律動的靈感時

29

二次發酵會增加多少酒精濃度？

有一次在教 WSET（Wine and Spirit Education Trust，葡萄酒與烈酒基金會）的香檳單元時，我很簡單地講到「香檳釀造過程中，第一次發酵爲的是酒精，第二次發酵爲的是氣泡。」

台下就有學員舉手發問「發酵不是都會產生酒精跟二氧化碳嗎？爲什麼還可以選擇要什麼？」

「你說得沒錯，小朋友才要做選擇，其實發酵的過程兩者都會產生，第一次的發酵，產生了酒精跟二氧化碳，不過我們讓二氧化碳直接飄散在空氣中，而在第二次發酵的時候，兩者都保留下來了，不過產生的酒精比起第一次發酵相對低很多，所以才說第一次的發酵爲的是酒精，第二次發酵爲的是氣泡。」

關於什麼是二次發酵，讓我們從頭說起吧！

一般沒有氣泡的葡萄酒，我們稱作靜態酒，是只有經過一次發酵的，也就是基本的發酵公式：

糖分——（酵母）—→ 酒精 + 二氧化碳

把葡萄汁中的糖分轉換成酒精跟二氧化碳，這次的發酵不會保留二氧化碳，任其飄散在空氣中，所以酒中不會有氣泡感。

而香檳有別於靜態酒的地方就是會經過二次發酵過程，說更精確一些，是瓶中二次發酵[註1]（這也是香檳與氣泡酒的差別）。所謂的瓶中二次

不銹鋼發酵槽。

蛋型發酵槽。

發酵，是指在釀好的靜態酒（在香檳的釀製過程中，稱作 vin clair，也就是 clear wine）中加入 liqueur de tirage（組成的成分有：選育酵母、糖分、發酵所需的養分像是氮），同時將玻璃瓶密封起來。酵母在瓶中再次發酵，產生出酒精與二氧化碳，但因為瓶口是封閉的，所以二氧化碳會融入酒液之中。

這邊要解釋一下什麼叫做把玻璃瓶封起來，本來想放在註解，但是擔心放在註解你一定就會錯過這個重要的資訊，所以特別用一段來解釋一下。

要把玻璃瓶密封起來一般有兩種方式，一種是用金屬冠型瓶蓋（crown cap，也就是我們在熱炒店喝台灣啤酒時，用開瓶器打開的那個金屬蓋子）。有非常好的密封性，完全隔絕與空氣接觸，可以讓風味保持清新的水果香氣。而另外一種方式就是用軟木塞，我們知道這樣的軟木塞會有透氣性，氧氣會透過軟木塞的毛氣孔微量進入瓶中，讓瓶中的酒液產生所謂的微氧化，因而生出更複雜的香氣，像是烤堅果、太妃糖等。有些香檳酒廠會專門為他們的頂級香檳用上軟木塞封瓶的方式，像是 Bollinger RD 以及 Dom Perignon P2（浸渣[註2] 約 12 年）或是 P3（浸渣至少 20 年）。

回到正題，上面有提到第二次發酵產生的酒精會比第一次少很多，那到底第二次發酵產生的酒精是多少呢？然後會產生多少的大氣壓力呢？那我們來說說簡單的化學反應式吧！

把每公升 4 公克糖的 liqueur de tirage 加入 vin clair，會產生 0.22% 的酒精度，同時也會產生 1 大氣壓力的壓力。依照法規規定，liqueur de tirage 的最大加糖量是 27g/l，換算下來，將會產生最大約 1.5% 酒精濃度，以及約 6.5 大氣壓力。依照現在的狀況來說，多少因為溫室效應的影響，採收的葡萄都非常成熟，靜態酒釀造完成時酒精濃度可能已經達到 12%，再加上現在消費者市場傾向低壓力（氣泡感沒有那麼強烈）的香檳，liqueur de tirage 的含糖量都不會加到法定最大值。釀酒師會讓香檳的完成品酒精濃度約 12 ～ 13%，而瓶內壓力會在 5 ～ 6 大氣壓力。這樣的壓力跟大型聯結車的胎內壓力差不多了，這也是為什麼香檳軟木塞在金氏世界紀錄裡最遠的噴飛紀錄，可以高達 8.55 公尺[註3]。

註 1：不同於瓶中二次發酵的方式還有夏馬槽式發酵（charmat），或稱大桶發酵法。

註 2：請參考 p.208〈香檳陳年還有分：浸渣陳年與除渣陳年〉。

註 3：由 Ashrita Furman（美國人）於 2014 年 1 月 30 日在泰國芭東海灘（Phuket Patong Beach）寫下紀錄。

依照法規規定，liqueur de tirage 的最大加糖量是 27g/l，換算下來，就是會產生最大約 1.5% 酒精濃度，以及約 6.5 大氣壓力。

微 醺 時 光

Ulysse Collin 'Les Pierrieres' Blanc de Blancs Extra Brut 2015

對於想要嘗試Jacques Selosse香檳的人，我常會建議先喝喝看Ulysse Collin，因為現任酒莊莊主Olivier Collin曾在Anselme Selosse的酒莊工作，受到Selosse的釀酒哲學影響甚多，像是對於土壤環境的認知以及減少干預的想法。而見過莊主Olivier Collin的人，可以感受到他溫文謙沖的個性，也猜得出他不是一個劍走偏鋒的釀酒師，像是他並不是生物動力農法的狂熱者，但仍是以有機與生態永續的方式來維護葡萄園，應該算是「理性農法」的實踐者吧！

Collin家族其實早在1812年開始就在Congy村種植葡萄，但僅提供給大廠葡萄，從未自家釀酒裝瓶，直到莊主Olivier Collin在這個世紀初陸續將葡萄園的使用權收回，而Les Pierrieres就是第一塊收回的葡萄園。這塊葡萄園全部種植夏多內，面朝東和東南向，特別是土壤層含有不少香檳區少見的黑色燧石（black silex）。而這款香檳有豐富的黃色水果香氣，甚至有點濃縮的風味像是檸檬乾，細細品飲，可以感受到礦石味中的鹹感。

Ulysse Collin的全系列香檳都是單一葡萄園，且位在少見的Côte de Sézanne區，適合當作香檳的風土教科書，來品飲跟學習。

類型　RM
村莊　Côte de Sézanne
價位　中價
適合場景　認識香檳葡萄園風土特性時品飲

30

有乳酸發酵還是沒乳酸發酵的
比較好呢？

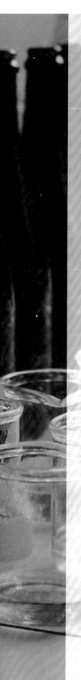

MLF or non MLF, it's a question!（有乳酸發酵還是沒乳酸發酵的比較好？這是一個值得研究的問題！）

當香檳酒廠在介紹香檳時，你是否有注意到他們都會特別強調「我們沒有做乳酸發酵」或是「我們有做部分的乳酸發酵」或是「我們做了完整的乳酸發酵」，這其中有什麼特別的含意嗎？

先來說說什麼是乳酸發酵（Malolatic Fermentatiob，簡稱 MLF）？學過葡萄酒的人應該都有基本認知，簡單的說，就是把酸度較高的蘋果酸，透過乳酸菌的作用轉化成乳酸。對於口感而言，經過 MLF 的葡萄酒，酸度會比較溫和，風味也會更加豐富，特別是 MLF 過程會產生一種名爲雙乙醯（diacetyl）的物質。可別小看它，這就是我們可以在葡萄酒裡邊聞到類似奶油的來源，像是許多新世界^註的夏多內就會透過 MLF 的過程讓葡萄酒表現出更另人垂涎的乳香風味，一般來說，這樣風味的酒款在市場上受歡迎程度也較高！

聽起來乳酸發酵真是好東西，那爲什麼還有些香檳廠不做乳酸發酵呢？你先別急著往下看，先想想看乳酸發酵帶來諸多好處的背後，會讓葡萄酒失去什麼呢？

「乳酸發酵應用在夏多內的釀造上已行之有年，但卻沒有人提到這個過程幾乎會把所謂的風土特性（terroir），也就是葡萄園的特殊風味所掩蓋的事實。」── Warren Winiarski（屢獲殊榮的 Stag's Leap Wine Cellar 釀酒師）

乳酸發酵就像兩面刃，可以讓葡萄酒更有風味，但的確也抹殺了風土特性。可以試想看看，本來單喝義式咖啡（espresso），你可以分辨得出具有甜美感的瓜地馬拉咖啡、酸中帶甘的牙買加咖啡、苦味明顯的印尼咖啡，但把這些咖啡都做成充滿奶泡的拿鐵時，是否原本的特色就消失無蹤，或是只存留令人捉摸不透的淡淡影子了。話說回來，也不得不承認，拿鐵也是一般大眾最喜歡的口味，不酸不苦還有奶香溫潤的感覺，所以說請朋友喝咖啡點拿鐵一定是最安全的選擇。

如果你問那是有做乳酸發酵的酒比較好呢？還是沒有做乳酸發酵的酒比較好？那我也只能回答「你覺得黑咖啡比較好呢？還是拿鐵比較好？」因為口味是非常主觀的，所以沒有好壞的分別。對於香檳而言，有沒有進行乳酸發酵也沒有好壞的差別，就只是風格上的不同，或說是釀酒師想要呈現的方式不一樣罷了。

乳酸發酵對於釀酒師而言，應該是最省時間與最省成本的酸度柔化方式了。為什麼這麼說呢？我們舉一個香檳廠 Gosset 來當例子，Gosset香檳是不做乳酸發酵的，但是卻有一個基礎款是做乳酸發酵的（連瓶子的形狀也不一樣），目的顯而易見，就是用有做乳酸發酵的基礎款讓消費者更容易接受。但令人驚豔的是，即便那些沒有做乳酸發酵的香檳喝起來也沒有想像中的高酸度，因為 Gosset 的另一套柔化酸度的公式就是時間，讓時間褪化了酸度，卻保有原始的風土特色。但這種方式就是花時間又花錢，因為需要花比法訂規範更長的窖藏時間陳年，而這些本來可以立即變現的香檳，只能放在地窖裡佔空間並需要有人看顧，這又是另一筆花費了。

像是 Bollinger，Lanson，Salon，Krug 這些香檳廠，他們願意花更長的時間來陳放香檳（但要資金夠雄厚，因爲金流都卡在陰暗的地窖裡），所以幾乎不做乳酸發酵，讓時間來自然地柔化酸度。有時候這時間會超乎你想像的久，像是 Salon 香檳，沒超過 20 年以上的 Salon 千萬不要開來喝，除非你喜歡喝水果醋。但是喝到超過 30 年甚至 40 年以上的 Salon，你將感受到風華絕代的美妙滋味。

又有另一派說法，認爲乳酸發酵是釀造過程中自然必經之路，當人爲不操縱時，乳酸發酵本就應該自然發生。從有釀造的歷史開始就一定伴隨著乳酸發酵，如果要強迫停止乳酸發酵，那就必須人爲干預，最常看到的就是添加二氧化硫。但香檳廠 Jacquesson 在釀造過程中不添加二氧化硫，就讓乳酸發酵自然而然發生，而且每週還會做兩次的攪桶（bâtonnage）讓酒液酸度更溫柔婉約，風味更多元複雜。所以當你喝到 Jacquesson 的香檳時，可以感受到那多層次又動人的香氣，而且酸度依舊明亮，或許這跟葡萄的採收時間也有關吧！

停止乳酸發酵一定要加二氧化硫嗎？ Anselme Selosse（Jacques Selosse 前莊主，香檳區生物動力的先驅，但後來宣稱放棄生物動力）可不這麼認爲，他用的方式就是溫度控制，在完成酒精發酵進入乳酸發酵之前，將酒液溫度降低，使裡面的乳酸菌進入冬眠，所以就不會有乳酸發酵的發生。因爲 Anselme Selosse 的作法與成功，也影響了一些小農香檳，像是酒莊距離 Selosse 不遠的 J.L. Vergnon 香檳酒莊，也是奉行不做乳酸發酵的小農香檳，因爲他們相對其他酒莊葡萄採收時間較晚，所以採收的葡萄糖分會更成熟而酸度相對較低，於是不做乳酸發酵，甚至因爲葡萄夠成熟，J.L. Vergnon 香檳幾乎都是零添糖。

你問每一個釀酒師，他們對於乳酸發酵都會有自己的一套說法，但是不見得沒做乳酸發酵的就很酸，有做乳酸發酵的就不酸，好不好喝，均不均衡，只有你自己喝了才算數！

p.s. 有時候在喝一些靜態葡萄酒時，會發覺有些微的氣泡感（尤其自然酒），很有可能是因爲乳酸發酵，因爲乳酸發酵還有一個附帶產物，就是二氧化碳。

註：新世界（New World）指的是傳統葡萄酒產區以外的區域，包括阿根廷、澳大利亞、智利、紐西蘭、南非和美國等。

> 沒超過 20 年以上的 Salon 千萬不要開來喝，
> 除非你喜歡喝水果醋。
> 但是喝到超過 30 年甚至 40 年以上的 Salon，
> 你將感受到風華絕代的美妙滋味。

微醺時光
Gosset Blanc de Balncs Brut NV

曾經遇過兩位酒友為了誰是香檳區最老的酒廠爭得面紅耳赤。一位說是Gosset，另一位說是Ruinart，兩位都堅持是從官方資料看到的，在那劍拔弩張的氣氛下，我趕緊打圓場說：「其實兩位說的都是對的！」

「怎麼可能都是對的！第一家只會有一個，難不成這兩家酒莊同年同月同日開設嗎？」有一位還回嗆。

當我說「Ruinart是從1729年開始生產香檳，是現存最古老的香檳生產酒廠。」堅持Ruinart的那位酒友聽到這點頭如搗蒜。當我繼續說「Gosset從1584年就開始生產葡萄酒，但不是有氣泡的香檳，是所謂的靜態酒。」堅持Gosset的酒友嘴角露出得意的微笑。

「所以說兩位都是對的，Ruinart是香檳區最老的香檳廠，而Gosset是香檳區最古老的酒廠。」這樣的回答算是圓滿的解決了爭論，也不會讓自己淪為牆頭草。

記得當時我正在喝Gosset Blanc de Balncs Brut NV，100%的夏多內加上不銹鋼槽發酵，還有完全杜絕乳酸發酵的進行，所以是一款具有非常活潑酸度的香檳，充斥著像是新鮮萊姆、綠檸檬的風味，雖然酸度高但也夠細緻優雅，所以讓我在回答上述爭論時說出來的話才不會太酸太苛刻。

類型　NM
村莊　Epernay
價位　平價
適合場景　訓練自己圓滑說話時

Gosset Blanc de Balncs Brut NV

31

{為什麼香檳需要轉瓶？}

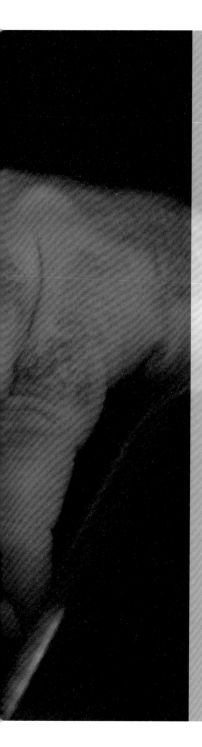

為什麼香檳需要轉瓶呢？答案很簡單，就是為了方便除渣。

這麼快就揭曉答案，那文章後續還要寫什麼呢，那接下來的這個問題看你答不答得出來。香檳轉瓶是為了讓酒渣沉積在瓶口，然後方便除渣，但是轉瓶的過程為什麼需要好幾個禮拜這麼久，為什麼不乾脆一點，直接將香檳瓶倒立，這樣酒渣不也一樣會沉澱到瓶口，不是既省時又省力嗎？

請容許我賣個關子，我們先來說說為什麼只有香檳要除渣？因為在進行二次發酵時，會加入liqueur de tirage（主要成分為酵母跟糖分，還有bentonite clay[註]）。在二次發酵完成之後，酒液會呈現混濁的情況（大約就像現今沒有澄清沒有過濾的自然酒那樣），影響到賣相，這讓香檳生產者傷透了腦筋，但苦無解決之法。

當時承接丈夫家族事業的凱歌夫人（Madame Clicquot Ponsardin），不僅經營出口的事物，也負責酒窖內的釀造工作，她嘗試過各種方式來除渣，但都沒有很好的成效。直到有一天她待在廚房時，突然靈光乍現，把餐桌挖開一個洞，讓酒瓶的瓶頸剛好可以通過，然後將香檳瓶倒插在挖了洞的餐桌上，週期性地搖晃香檳瓶，讓附著在

積聚於瓶口的酵母沈澱物。

瓶上的酒渣逐漸掉落，累積到瓶口。這樣的方式能讓酒液清澈一些，但依舊有細微懸浮物質。

1810 年，Antoine Muller 加入凱歌香檳成為酒窖總管，著手進行轉瓶除渣的實驗，他將原本垂直地面的開孔改成 45 度，使得酒渣可以沿著瓶壁順滑而下，獲得更清澈的酒液。在經過數次改良之後，就演變成我們現今看到的兩片以 45 度的厚木板組成的倒 V 木架，每個木架有 60 個插瓶孔，讓香檳瓶從水平角度，經歷約莫 25 次的轉動（時間約 6 週左右），慢慢轉動到最終成為垂直角度，而酒渣也會沉澱收集在瓶口。

回到一開始說的為什麼不直接把瓶身整個倒立過來就好？這樣的做法就像凱歌夫人早期在餐桌挖洞的方式一樣，的確可以將一部分的酒渣沉澱到瓶口，但是酒液裡的懸浮物質顆粒大小不一，有些會自然沉澱，有些則容易飄移在酒液間，如果一次性將酒瓶倒立，比重高的懸浮物自然就會沉積在瓶口，但比重小的懸浮物則會像遊魂一樣飄蕩在香檳裡，再也抓不到。緩慢轉瓶的目的，就是利用懸浮物質互相附著的原理，讓比重小的懸浮物質可以附著在比重大的懸浮物上，緩慢地沿著瓶壁滑落到瓶口，這樣就可以把整個酒渣懸浮物質一網打盡，最後就能得到透徹明亮的香檳。

一位熟練的轉瓶工人，一天可以轉瓶 4 萬到 6 萬瓶（據說 19 世紀的轉瓶工人一天轉瓶的數量約為 2 萬多瓶，20 世紀的時候增加到 3 萬多瓶，而如今一天至少要轉 4 萬多瓶以上才能獲得這份工作，）。而這工作真正的難處，是必須忍受一個人在陰暗的地窖裡工作，寒冷而潮濕，終年平均溫度為 10 度，濕度約為 80% 左右。更悲情的是，冬天工作

時間是早上 7 點到下午 5 點，也就是朝陽升起時就在地窖，離開工作的地窖時太陽也早下山了（香檳區的冬季日出約為 8 點多，日落約為 4 點多），所以一整天都會看不到太陽。不過相對的也是有些好處，像是夏天時外面氣溫高達 37 ～ 38 度，地窖也依然陰涼；而當冬天戶外大雪紛飛時，地窖反倒顯得溫暖舒服。

這樣有點枯燥的工作在 1970 年代被一種叫做 Gyropalette（自動轉瓶器，因為外型關係被戲稱為高射砲）的機器所取代。這並不令人意外，因為 Gyropalette 可以 24 小時自動化運作，一組機器可以一次同時轉動 504 瓶，整個流程約莫一個禮拜可以完成，比起需要花費 6 週的人工轉瓶可以說是既迅速又便捷，而且 Gyropalette 最大的優勢是，在法國這個動不動就罷工的國家，Gyropalette 可是不會示威跟罷工的！

左、右：酒窖裡供轉瓶用的倒 V 字型木架。

雖然多數的香檳廠的轉瓶工作由機器代勞，不過仍有少數香檳廠針對珍藏香檳依舊保持人工轉瓶。你可能想要問機器轉瓶跟人工轉瓶有什麼差異嗎？我會說差異不小，但主要是在心理層面，畢竟一個是冷冰冰的機器操作，另一個是溫暖厚實，可能手掌上還有老繭的職人之手完成的，就像是很多店家會強調手工水餃或是手工麵包，聽到「手工」二字，無形之中就會讓我們感受到有職人為我們揮汗如雨的工作，他們辛勞也讓食物嚐起來特別美味。那你可能想繼續問，那機器轉瓶跟人工轉瓶在口感上會有什麼差異嗎？這我就不方便說了，畢竟那些轉瓶工人也跟我們一樣要吃飯過生活的。

註：二次發酵時除了加入 liqueur de tirage，也會加入 bentonite clay，作用是讓轉瓶過程時的酒渣減少並附著於瓶身，這些也會在除渣時被清除。

左、右：Pol Roger 香檳廠裡正在轉瓶的工人。

據說 19 世紀的轉瓶工人一天轉瓶的數量約爲 2 萬多瓶，
20 世紀的時候增加到 3 萬多瓶，
而如今一天至少要轉 4 萬多瓶以上
才能獲得這份工作。

微 醺 時 光
Pol Roger Cuvée Sir Winston Churchill 2013

Pol Roger有著紳士香檳之稱，因為他的風味不會招搖也不會無趣，是一種中庸之感，如果花心思細細暸解他，可以感受看似簡單之中卻又別具內涵風度的性格。

這樣單純的美好，更能打動挑剔的味蕾，就像是英國首相邱吉爾曾說：「我的品味很單純，只要是最好的事物都能輕易地滿足我。」這是當他在1928年午宴喝到Pol Roger的香檳發自內心的感言，從此之後，邱吉爾就與Pol Roger結下不解之緣。據說他從34歲愛上了Pol Roger香檳後，一生共喝了4.2萬瓶Pol Roger香檳，從他有生之年算下來，相當於大約每天喝兩瓶香檳，想必在二戰那最黑暗的時期，Pol Roger香檳給予了邱吉爾滿滿的鬥志與希望吧！

而這款Cuvée Sir Winston Churchill是Pol Roger香檳廠的頂級香檳，也是為了紀念這位懂得品味單純美好的知己而命名。這款香檳以黑皮諾為主，給予口感紮實的架構與寬廣的風味變化，添加部分的夏多內則帶來優雅與細緻感，在細膩之中可以感受到礦石味，甚至還有令人驚喜的嫩薑氣味。至於黑皮諾與夏多內的比例為何？這是Pol Roger與邱吉爾家族協議好的祕密，在生產此款香檳時，永遠不將這款香檳的調配比例公開，用來緬懷這位永遠令人景仰的政治強人。

類型 NM
村莊 Epernay
價位 中價
適合場景 想要走過人生黑暗時期時可以開來喝

32

為什麼還需要人工除渣？

有人問過我這樣一個問題：「老師，葡萄酒的釀造過程你都有經歷過，哪一項最難呢？」

回想到之前在酒莊實習，從用手採葡萄、用腳踩葡萄、清洗發酵槽、添桶換桶、貼酒標、搬木箱等，要說最累的應該就是採葡萄了。畢竟要半蹲著身子，把每串葡萄從樹葉後翻出來剪蒂，然後小心翼翼地放在籃子裡，一天在寒風中工作 8 小時，應該算得上是最辛苦了吧！但要說最無聊的，應該就是香檳轉瓶了，在黑暗的地窖中，來來回回、一成不變地轉動那些香檳瓶，雖然那時候我只是體驗性質，轉個不到 1 百瓶就覺得乏味了。突然靈光一現，我想到香檳釀造的一個環節我沒有經歷過，就是在轉瓶之後的「除渣」！

為什麼我沒有經歷過「除渣」這樣工作呢？

原因很簡單，因為絕大部分的除渣已經由機器代為完成。人工一個小時可以完成大約 2 百瓶的香檳除渣，但用機器來做除渣一個小時可以完成約 2 千瓶，而且可以一天 24 小時連續作業，只要提供電，麵包跟酒都免了，還不用上廁所，如果你是酒廠老闆，你會選誰？更深入地想，人工除渣跟機器除渣的香檳，你覺得你喝香檳的時候分辨

得出來嗎？既然分不出來，又何苦要用人工來除渣呢？

話說回來，難道現在沒有人工除渣的香檳嗎？當然還是有，都是一些頂級款的香檳，頂級款香檳用人工除渣並不是會讓香檳更好喝，而是一種尊榮感，因為在介紹這款香檳時，可以理直氣壯地說「這支香檳全程都用手工處理，從採收、篩選，到轉瓶、除渣、貼標，都是每位工匠為您親手完成的。」聽到這樣的話，腦中出現的是多位工匠胼手胝足地為您完成這一支香檳，比起畫面中都是一些機器設備冷冷地運作，似乎暖心多了，香檳也不知不覺變得更好喝了。

人工除渣的優點真的只為了這個原因嗎？那這樣負責除渣的師傅不就快要失業了嗎？其實人工除渣還是有其必須性的，像是有些酒廠在二次發酵時會使用軟木塞封瓶[註]，就會使用手工除渣。因為在除渣的同時，也檢查與嗅聞軟木塞的狀況，這樣可以確認瓶中的香檳有無變質。另外一個需要人工除渣的香檳，就是那些大瓶裝的香檳，畢竟除渣的機器一般都是適用於一般瓶（750 毫升）而已。

那既然還是有人工除渣，為什麼我沒有體驗過除渣呢？原因也很簡單，酒廠不想浪費香檳。

手工除渣是要有技術的，剛開始瓶口朝下，在打開封蓋的一瞬間，匯集在瓶口的沉澱物會因為瓶中的巨大壓力噴出，這時候立刻把瓶口轉上，讓瓶中清澈的香檳液不會流失太多。這時間的掌握要拿捏得當，太早將瓶口轉正，那可能還會有酒渣殘留；太慢的話，又會有大量的香檳噴出，如果噴出太多的香檳，以致於要添加過多的補充液時，多

少會影響香檳原本的風味。所以說手工除渣是一個高度專業的工作，像我這種參觀者就不能隨意體驗了。

如果你有機會在香檳廠看人工除渣，你會看到除渣師傅在完成一瓶香檳的除渣後，手上會拿著一小塊圓狀物，而且是固態形狀的，不太像酒渣，如果你湊近一看，會發現是一個稱為 Bidule 的小塑膠杯。怎麼香檳瓶裡面會有一個塑膠物呢？這個 Bidule 是在二次發酵封瓶時裝進瓶口的，目的是為了更有效蒐集酒渣沉澱。因為香檳在除渣前是上下顛倒的，朝下的瓶口會放在 -25℃ 的冷卻劑中，讓累積在 Budule 的沉澱物結凍，這樣的方法有一個法文的專業術語叫做「disgorgement à la volée」。當除渣開瓶的瞬間，沉澱物就會成塊地隨 Bidule 被取出，還給瓶內香檳一個清澈無雜質的姣好狀態。

可不要小看除渣這道工序，順利地將沉澱物去除是基本的，但是接下來的動作也會影響香檳的風味。當將沉澱物移出之後，會補充酒液，然後塞上軟木塞，但是塞上軟木塞的時間點就至關重要了。當把香檳瓶身轉正的時候，一定還會有很多泡泡湧出，而當泡泡湧出來時，會把原先瓶子裡面的氧氣推出來。假如在這個時間塞入軟木塞，那瓶子裡面的氧氣會存留比較少；而當泡泡消退時才塞入軟木塞的話，那瓶子裡面的氧氣就會相對比較多。瓶子裡面的氧氣多少會對香檳有什麼影響呢，就讓你自己動動頭腦囉！

註：請看 p.182〈二次發酵會增加多少酒精濃度？〉

微 醺 時 光

Champagne Jacquesson Cuvée 740 Dégorgement Tardif Extra Brut

Jacquesson香檳廠的酒標很特別,沒有標示什麼NV或是Vintage[註1],但其實要表達的概念反而更簡單,就是依照每年的收成調配出品質最好的香檳(不同比例的葡萄品種,不同添糖的量,不同比例的儲備酒[註2])。所以每年的風格會不一樣,這也打破了很多香檳廠總是要保持一致風格的思維。

這款Jacquesson 740 Dégorgement Tardif就是5年前上市的740的晚除渣版(以 2012 年分的基酒為主,並於瓶中泡渣熟成 94個月才上市。),Dégorgement Tardif意思就是晚除渣,像是Bollinger的RD。酒款口感上非常有深度,蜂蠟的氣味、烘烤堅果與出爐麵包的香氣以及礦石的口感,猶記得當時在酒廠喝這支的時候,莊主Laurent Chiquet要我猜Dosage,我瞄了酒標標示著Extra Brut,口感也算是圓潤,應該在4公克~5公克左右,他笑了笑,要我看看背標,居然寫著Dosage:0,那瞬間我可以看出他臉上的驕傲。

Jacquesson香檳非常的engineering style,會把葡萄來自村莊的比例,熟成除渣時間以及添糖量都在背標上標示清楚。如果是來自單一園的香檳,酒標上就直接標出地圖,所以是一款適合champagne geek研究的酒莊。

類型　NM
村莊　Dizy, Vallée de la Marne
價位　中價
適合場景　絞盡腦汁寫程式的時候

註 1:請看 p.162〈為什麼香檳可以不用標年分?〉。

註 2:請看 p.214〈儲備酒、窖藏酒、保留酒有什麼不一樣嗎?〉。

Champagne Jacquesson Cuvée 740 Dégorgement Tardif Extra Brut

33

香檳陳年還有分：
浸渣陳年與除渣陳年

曾經在一次的喝香檳閒聊活動中，聽到幾位朋友在爭論香檳陳年之後的風味變化。

「有陳年的香檳味道真的比一般香檳來的複雜，你沒看那些晚除渣的香檳分數都比較高，而且價錢也比較貴！」

「我家有長輩之前買的香檳，少說陳年了二、三十年年，前陣子才開來喝，風味其實挺無聊，而且還沒有氣泡。」

「那可能是你沒保存好，不然陳年的香檳應該風味會很獨特的啦！」

「你怎麼這樣說，我家的香檳都是放在酒窖裡面的呢！」

我突然發覺他們在雞同鴨講，雖然說的都是香檳的陳年，卻沒搞清楚香檳的陳年分兩種：浸渣陳年（on lees aging）與除渣陳年（off lees aging）。

先來說說浸渣陳年吧。不曉得你有沒有注意到越來越多的香檳會標注除渣時間，或甚至強調泡渣的時間。像是 Dom Perignon（香檳王）就出現了 P1，P2，P3，這邊的 P 不是表示 Perignon，而是 Plenitude（豐富度）。其不同之處就在於泡渣的時間，P1 泡渣的時間基本為 7 年，P2 泡渣的時間基本為 12 年，而 P3 則是到 20 年的時間。

不只是香檳王，像是 Bollinger 就有 R.D. 系列，這邊的 RD 不是工程師常說到的 Research and Development，而是 Recently Disgorged（近

期除渣），要傳達的意思就是泡渣時間很久，最近才除渣；或是像 Jacquesson 稱其晚除渣系列為 DT，全名不是 Double Time，而是 Dégorgement Tardif（延遲除渣）；又或像是 Egly Ouriet 的 VP，不是你想的副總裁（Vice Presedent），而是 Vieillissement Prolonge（延長老化時間的意思）。你有發現嗎？每一家的晚除渣香檳都各有其命名，難道香檳區沒有規範嗎？

有的，CIVC 規範了香檳的陳年時間：NV 香檳[註]至少陳年 15 個月，而其中 12 個月必須是泡渣階段。雖然 12 個月的時間聽起來有點長，但對酵母的水解過程可能才剛開始。什麼是水解（Autolysis）？你可能正想要問這樣一個問題。如果說直接一點，水解就是酵母屍體的分化，說得浪漫一點，水解就是酵母的遺愛嘉惠了香檳。其實所謂的酒渣就是酵母死去的沉澱物，而葡萄酒內的酶會分解這些死酵母，生成胺基酸、多醣體、β - 葡萄糖、苷酶等物質，融入香檳液當中。

太化學的事情不用管，我們要知道的是水解這個過程會增加香檳的氣味豐富度，像是產生出微妙的烘烤味道，如烤餅乾、烤麵包那樣的香氣。泡渣的另外一項好處就是防止香檳氧化，讓香檳產生更細緻複雜的風味之餘，還能保有原本的新鮮果香。但是一旦除渣，香檳沒有了酒渣保護，就會有（微）氧化的情況發生，所以許多香檳廠會建議消費者對於一般的 NV 香檳一上市就趕快開來喝（如果香檳不趕快喝掉怎麼增加銷量呢！）也有一些香檳廠會特別標註除渣時間，讓消費者可以自行判斷開瓶的最佳時機。

剛剛提到水解過程可能泡渣 12 個月才開始，更精確地說，水解會在發

上、下：陳年中的香檳。

酵完畢之後的 18 個月到 50 個月這段期間活動最明顯，所以 CIVC 規定的 15 個月根本無法令香檳發展出更深層複雜的氣味。於是許多的香檳廠會自行延長泡渣的時間，才會有上述那些目不暇給的「長期泡渣」的名稱。

接下來是除渣陳年，所謂的除渣陳年顧名思義，就是香檳在沒有酒渣的狀況下陳年。像上面說的，香檳沒有了酒渣的保護，會有微氧化的情況發生，這種微氧化會產生出非常迷人的氣味分子，像是我們喝布根地（Bourgogne）的老酒，夏多內（Chardonnay）會出現水果乾、薑餅之類的味道；而黑皮諾（Pinot Noir）會出現毛皮、咖啡等氣味一樣。這樣的味道常常要經歷個二、三十年才會悄然產生，但就像布根地酒一樣，並不是每一支酒都有能耐撐個二、三十年，香檳也只有少數頂級的酒款，像是 Salon、Cristal 等，才可以在陳年二、三十年後越陳越香。

除渣之後還有一種特別的風味，是來自於蛋白質（主要是胺基酸 Amino Acids）與瓶內糖分的交互作用。這個交互作用就是我們非常熟悉的梅納反應（Maillard reaction），只是不同於我們認知的梅納反應要在高溫下產生，瓶中的梅納反應也在默默地進行著，不過是非常緩慢、非常緩慢地。梅納反應只會在除渣之後的香檳裡發生，不會在泡渣陳年的階段發生，所以想要感受這樣神奇的梅納效應風味，得先找尋一支頂級香檳，除渣之後至少在自家酒櫃放個 15 年以上。然後跟我約好時間，請讓我為您開瓶，一邊倒上一杯氣泡微弱但風味獨特的香檳，一邊為您細細解說吧！

註：無年分香檳（non-vintage，簡稱 NV），請看 p.162〈為什麼香檳可以不用標年分？〉。

微 醺 時 光
Krug Clos d'Ambonnay 1998

Krug在香檳界總是擁有崇高的地位，也是讓香檳愛好者趨之若鶩的品牌。品嚐Krug時總是可以感受到那複雜、飽滿、濃郁的風格，而這樣的風味不僅僅是因為來自成熟的葡萄，更大的一部分是源自於長時間陳年與大量基酒的混調藝術。

而且喝Krug香檳，可以搭配美食也應該搭配音樂，感受感官的享受，但該搭配什麼食物跟音樂呢？不妨下載Krug App，你可以掃描你喝的每一款Krug香檳，然後App會提供你適合搭配的美食與音樂，而且還有非常詳細的香檳資訊，包括葡萄品種比例、混調基酒的年分，以及除渣日期等應有盡有，讓你更瞭解你所喝的這一瓶Krug香檳。

要推薦一款Krug香檳，一直舉棋不定要介紹Clos du Mesnil或是Clos d'Ambonnay，兩款都很精彩，而且也都非常稀有，後來回顧一下已經介紹了很多白中白香檳，那就來推薦一下這一款黑中白吧！而且釀造這款香檳的葡萄園只有0.685公頃，年產量只有5,000瓶，比起Clos du Mesnil的1.8公頃葡萄園還小得多，可見其珍稀程度。建議喝這款香檳時可以適當地醒酒半小時，溫度也不要太低（大約12度），就像身材惹火的美女穿著密不透風的大衣是無法讓人血脈噴張的，當一絲絲暖意讓美女卸下大衣時，玲瓏剔透的身材才能一覽無遺。

類型　NM
村莊　Reims
價位　高價
適合場景　中樂透的時候開來慶祝

Krug Clos d'Ambonnay 1998

34

{ 儲備酒、窖藏酒、保留酒
有什麼不一樣嗎？ }

在介紹非年分香檳時一定都會有一欄是 reserve wine 的比例，這時候我有時候會說儲備酒，有時說窖藏酒，有時直接唸作保留酒。就曾經有人問到說：「你現在說的保留酒跟剛剛提到的窖藏酒是一樣的嗎？還是有什麼分別嗎？」

答案是沒有分別，差別只在於不同的心情下會隨機叫出不同的稱呼，就像是你叫你的另一半可能是叫「baby」、「honey」、「親愛的」、「老公」、「老婆」，但也有可能直呼名諱或是叫「殺千刀」的。這些稱呼都是叫同一個人，而儲備酒、窖藏酒、保留酒也都是同樣一件事物，他的英文名字叫做「reserve wine」，而法文叫做「vin de réserve」。

香檳的 reserve wine 代表的是什麼意思呢？跟西班牙酒標上的 reserva 的陳年法規有關嗎？其實沒有關係，reserve wine 算是香檳區獨有的一種保險概念。為什麼說是一種保險的做法呢？因為香檳產區可以說是在葡萄能夠生長的最北極限，不穩定的天候狀況像是冰雹、霜害、病蟲害等會造成葡萄收穫的不規律性，為了彌補這樣的情況，香檳區就想出這樣一個創新的辦法：在品質較佳或是豐收的收成年分，將超出市場產量的葡萄酒儲存下來，並在收成不足的年分時讓釀酒師有較充裕的酒做為調配使用，如此可以確保香檳廠風格的一致性。這是不是很像我們買保險的概念，平日將「多積攢的錢」用來繳保險費，當發生事情的時候就有一定的保障了。

上述的「多積攢的錢」，在現實生活中不難理解，可以是省吃儉用少喝一瓶香檳所留下的錢，或是多打一分零工多掙來的一份錢。不過 reserve wine 有他的規定，我們來說說 reserve wine 的葡萄怎麼來的。

每年香檳都會有產量收成的規定（rendement d'appellation champagne），就是每公頃可以採收的葡萄量。每年的夏天，酒廠、中間商、葡萄農會一起開會決定，而決定的因素就是現在市場的供需與價格狀況，說穿了，跟咱們台灣農產品像是鳳梨、高麗菜定價的供需平衡是大同小異的情況。除了 rendement d'appellation champagne 規定的量以外，葡萄農被允許多採收葡萄當作是自家的 reserve wine，這些被儲存下來的 reserve wine 也被稱作是所謂的「réserve individulle」（需要 CIVC 正式批准生產，不然這些酒不能被授權生產 AOC 香檳）。

簡單說一下 réserve individulle，它是 CIVC 許允每個生產者能擁有的 reserve wine 的最大量。你可以想像生產者有一個大容器專門來儲存 reserve wine，當這個容器滿了的話，就表示這位生產者不能再累積 reserve wine 了。舉例來說，如果規定每位生產者每公頃最多可以擁有 5,000 公斤的 reserve wine，如果只擁有 2 公頃的葡萄園，那 10,000 公斤就是大容器的上限。而 reserve wine 也規定不能是單一年內的收穫所得，必須是逐年累積而來。

解釋到這邊，發現很多人的眼神已經空洞了。我趁機打住，問了一下剛剛發問的學員：「請問這樣有回答到你的問題嗎？」

以為他會渾渾噩噩地回答YES，沒想到他居然哪壺不開提哪壺的問：「那葡萄園有規定正常釀造香檳跟 reserve wine 的採收量嗎？」

這個問題真的是切中要害，這也是香檳採收與釀造最為複雜的部分了。拿 2014 年來說，Rendement d'appellation Champagne 規定每公頃的最

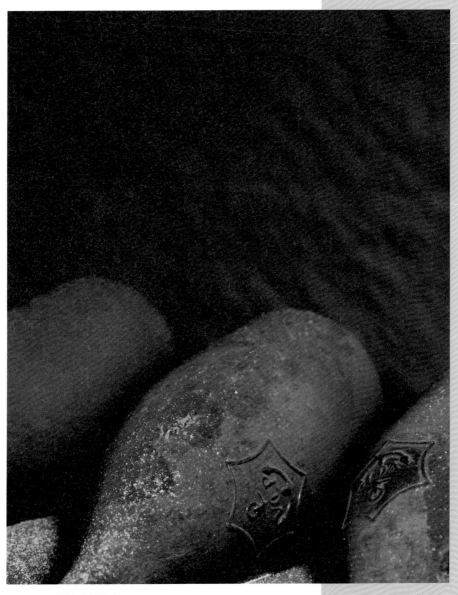

地窖裡長時間陳年的凱歌香檳。

大收成產量為 10,000 公斤，而每公頃可另外採收 3,100 公斤的量做為 reserve wine 使用，所以最大採收量是每公頃 13,100 公斤，這不難理解。

好玩的來了，如果你有 2 公頃的葡萄園，表示你可以合法採收 13100×2=26,200 公斤的葡萄，但是沒有規定採收狀況要平均，舉個極端一點的例子，也就是你可以某一公頃採收 20,000 公斤，而另一公頃只採收 6,200 公斤，只要最後的總和不超出 26,200 公斤就不算違法！

你真的以為葡萄農就只會採收這樣的量嗎？錯了，他們絕對會採收超過這個數字，但這樣做算不算違法，會被吊銷執照嗎？其實也不會怎麼樣啦！當採收超過上述的數字時，只要把多採收的葡萄宣稱做為 DPLC^註 就沒事了。

弔詭的事情來了，葡萄榨汁會依品質分成 cuvée，Premiere Taille，Deuxieme Taille 三個等級，如果把 Rendement d'appellation Champagne 規定採收的葡萄榨汁出來的 Deuxieme Taille，跟後來 DPLC 採收葡萄榨汁出來的 Cuvee 做交換，是否可行呢？古代都可以狸貓換太子了，為何現代不能呢？只要最後每個酒槽的數量都對了，不要讓 CIVC 的監察員長官難做事，何苦糾結葡萄汁來自哪裡呢！在法國這麼浪漫的國家，其實凡事都可以變通的。

雖然說很多事情可以變通，但是每年 reserve wine 的釋出量也不是那麼隨心所欲，有一個專有名詞「réserve de déblocage」，又被稱為「unblocked reserve」，是每一年被 CIVC 認可可以從 réserve individulle 取出的量。而 Rendement d'appellation Champagne 加上 réserve de déblocage 則稱為

libre，是 CIVC 推定每年每公頃合法可以裝瓶銷售爲 AOC 香檳的產量。講到這邊，我想我該住嘴了，喝香檳嘛！就是圖個開心，講那麼多法規幹嘛呢？

沒想到一位默默喝香檳的女學員突然發問：「一般香檳廠的 reserve wine 比例大約都多少呢？」

這算是比較親民的一個問題，大家紛紛把注意力集中回來了。reserve wine 的比例各家酒廠不同，一般來說大約都是 15% 上下，也必須老實說，從 reserve wine 的數量就可以看出一個香檳廠的規模，只有規模大的酒廠才會擁有比較多的 reserve wine，加進香檳裡的 Reserve wine 的比例也相對比較高，像是知名酒廠 Lanson（蘭頌香檳）或是 VCP（凱歌香檳），他們香檳裡的 reserve wine 比例常常都是高達 40% 上下呢！

註：做為蒸餾酒的葡萄原料。

在品質較佳或是豐收的收成年分，
將超出市場產量的葡萄酒儲存下來，
並在收成不足的年分時讓釀酒師有較充裕的酒
做為調配使用，
如此可以確保香檳廠風格的一致性。

微醺時光
Barons de Rothschild Blanc de Blancs NV

有一次幫一些大老闆們主持餐酒晚宴，主辦人特別交代要用名氣響亮的酒款，還特別強調拉菲（Lafite Rothschild），因為其他老闆們都會認識。要用拉菲的酒不難，他們的葡萄酒遍佈全世界，從法國波爾多到美國、智利、阿根廷，甚至南非都有，價格從平價到天價的酒也都有。不過難處就在這場晚宴絕大部分的佳餚是海鮮，最需要的是一瓶清爽的白酒或是香檳，這時候就是就是Champagne Barons de Rothschild的出場時機。

其實早在數十年前拉菲家族便發現他們的葡萄酒版圖裡少了這麼一塊拼圖，一支掛著5箭家徽的香檳，可以讓餐酒搭配所需的葡萄酒酒單更趨完整。所以經歷了長達10年的計畫，跟香檳區的葡萄果農達成協議，終於2009年拉菲家族正式對外發表其香檳品牌。而其香檳風格走的是優雅、清新的路線，不特別強調桶陳陳年或是微氧化的滋味，而以細緻純粹見長。即便對於常喝香檳的老饕們來說，也會感受到的一股小確幸的清新滋味，是一支適合當開胃酒的香檳。

Barons de Rothschild以夏多內為主角，合作的葡萄農大多位在白丘區，北從Cramnat村，南到Vertus村，所以當時大老闆們的餐酒會上，我就以這一支印著五箭家徽的Barons de Rothschild Blanc de Blancs NV打先鋒。這支香檳的Reserve wine的調配比例高達40%，在清爽中帶有著耐人尋味的複雜感，搭配上前菜的帝王蟹沙拉，以及拉菲家族那顯赫的歷史故事，讓在場的嘉賓們在杯觥交錯中酩酊大醉（以後可以誇口說喝拉菲喝到醉）。

類型　NM
村莊　Reims
價位　平價
適合場景　想配海鮮喝拉菲喝到醉時

香檳大師萊特與你聊香檳

深入香檳的文化、歷史、品飲、風土、釀造與奇聞趣事

作者	林才右（萊特）
責任編輯	謝惠怡
美術設計	郭家振
行銷企劃	廖巧穎
發行人	何飛鵬
事業群總經理	李淑霞
社長	饒素芬
圖書主編	葉承享

出版	城邦文化事業股份有限公司 麥浩斯出版
E-mail	cs@myhomelife.com.tw
地址	104 台北市中山區民生東路二段 141 號 6 樓
電話	02-2500-7578
發行	英屬蓋曼群島商家庭傳媒股份有限公司城邦分公司
地址	104 台北市中山區民生東路二段 141 號 6 樓
讀者服務專線	0800-020-299（09:30 ～ 12:00; 13:30 ～ 17:00）
讀者服務傳真	02-2517-0999
讀者服務信箱	Email: csc@cite.com.tw
劃撥帳號	1983-3516
劃撥戶名	英屬蓋曼群島商家庭傳媒股份有限公司城邦分公司

香港發行	城邦（香港）出版集團有限公司
地址	香港灣仔駱克道 193 號東超商業中心 1 樓
電話	852-2508-6231
傳真	852-2578-9337
馬新發行	城邦（馬新）出版集團 Cite（M）Sdn. Bhd.
地址	41, Jalan Radin Anum, Bandar Baru Sri Petaling, 57000 Kuala Lumpur, Malaysia.
電話	603-90578822
傳真	603-90576622
總經銷	聯合發行股份有限公司
電話	02-29178022
傳真	02-29156275

製版印刷	凱林印刷傳媒股份有限公司
定價	新台幣 499 元／港幣 166 元
ＩＳＢＮ	978-986-408-908-6

2023 年 03 月初版一刷 · Printed In Taiwan
版權所有 · 翻印必究（缺頁或破損請寄回更換）

國家圖書館出版品預行編目（CIP）資料

香檳大師萊特與你聊香檳：深入香檳的文化、歷史、
品飲、風土、釀造與奇聞趣事 / 林才右作 . -- 初版 . --
臺北市：城邦文化事業股份有限公司麥浩斯出版：英
屬蓋曼群島商家庭傳媒股份有限公司城邦分公司發行，
2023.03
　面；　公分
ISBN 978-986-408-908-6（平裝）

1.CST: 香檳酒 2.CST: 飲食風俗

463.812　　　　　　　　　　　　　　112003264

圖片感謝：Alfred Gratien, André Clouet, Ayala, Barons de rothschild, Bollinger, Bruno Michel, Bruno Paillard, Delamotte, Devaux, Dom Perignon, Duval Leroy, Egly Ouriet, Eric Rodez, Gosset, Gremillet, Henri Giuraud, Jacques Selosse, Jacquesson, Krug, Lanson, Laurent Perrier, Louis Roederer, Moet & Chandon, Nicolas Feuillatte, Perrier-Jouët, Piot Sévillano, Pol Roger, Pommery, Salon, Taittinger, Ulysse Collin, Varnier Fanniere, Veuve Clicquot Ponsardin, Vilmart & Cie.

CIVC : p.11-13 © DIVERS ; p.16 © KUMASEGAWA; p.26 © TAVARES BARBOSA Osmani; p.47 © TAVARES BARBOSA Osmani; p.66 © GUILLARD Michel; p.92 © TAVARES BARBOSA Osmani; p.95 © EXBRAYAT Philippe; p.98 © HODDER JOHN; p.100 © GUILLARD Michel; p.146 © TAVARES BARBOSA Osmani; p.153 © MAILLE Philippe; p.156 © ROHRSCHEID; p.172 © GUILLARD Michel; p.176 © CORNU Alain; p.182 © HODDER JOHN; p.204 © DIVERS; p.222 © MAILLE Philippe.